책과삶

뱃살이 너무 빠져 고민!

닥터셰프 레시피

임상진 지음

책과삶

닥터셰프 레시피

임상진 지음

책과삶

28kg 감량부터 당뇨 극복까지,
답은 결국 '식단'입니다.

필자는 현직 안과의사이기도 하고, 한식·일식·중식·양식·복어 등 다섯 개의 조리사 자격증도 가지고 있는, 특이한 이력의 소유자다. 그런데 여기에는 나름의 사연이 있다.

젊은 시절 한때 몸무게가 95kg까지 나갔던 적이 있었고, 가족성 당뇨 탓에 30대 중반부터 지금까지 20년 넘게 당뇨를 달고 살고 있다. 그래서 어쩔 수 없이 오래전부터 당뇨식을 먹어야 했는데, 대부분의 당뇨식은 건강에는 좋을지 모르지만 맛이 없어 오래 지속하기가 힘들었다.

다행히 요리에 관심이 많아 스스로 건강식을 만들어 먹곤 했는데, 이것이 점점 발전해 조리사 자격증까지 따게 되었다. 셰프가 되면서 "당뇨식을 어떻게 하면 더 맛있게 먹을 수 있을까"를 고민했고, 연구하고 또 연구한 끝에 지금의 '먹고 싶을 때 맛있게 먹을 수 있는 건강 다이어트 요리들'을 개발하게 되었다.

건강 다이어트 요리란 최대한 자연 재료를 사용하면서도 실제 고기, 밥, 빵, 분식 등의 요리를 맛있게 먹을 수 있도록 고안된 것이다. 즉, 평소 우리가 즐겨 먹는 음식과 맛은 크게 다르지 않으면서도 자연 재료를 사용하기 때문에 먹고 싶은 음식을 마음껏 먹고도 살이 찌지 않고, 건강에도 도움이 되도록 만든 요리들이다.

필자가 다이어트와 당뇨를 관리하는 비법 중 하나는 탄수화물 대체재를 식사로 자주 활용하는 것이다. 밥 대신 이런 요리를 한 번만 먹어도 다음 날 몸무게가 쭉 빠져 있는 것을 발견할 수 있다. 그 이유는 간단하다.

우리는 그동안 탄수화물을 주식으로 하는 식사를 해왔다. 탄수화물 위주의 식사는 맛있지만 우리를 살찌게 하고 건강을 해치는 주범이다. 이에 반해 이 책에서 소개하는 건강 요리는 메인 재료가 채소이기 때문에 건강에도 좋고, 칼로리는 낮으며, 포만감은 높다. 얼핏 보면 고기나 밥, 빵, 분식을 먹는 것과 같은 요리지만, 실제로는 채소의 영양소와 식이섬유, 그리고 단백질을 섭취하는 것이기에 자연스럽게 살이 빠질 수밖에 없다.

특히 '먹고 싶을 때 맛있게 먹는 요리'의 주재료로 채소를 많이 사용하는데, 채소에는 우리 몸을 건강하게 하고 질병의 회복을 돕는 각종 비타민과 무기질, 항산화 물질이 풍부하다. 또한 포만감을 높여주고 배변을 원활하게 도와 다이어트에 결정적인 도움을 주는 식이섬유까지 풍부하기 때문에, 살은 빠지고 몸은 더 건강해지는 효과가 나타날 수밖에 없다.

우리가 평소 즐기는 고기, 빵, 밥, 분식 등은 하나같이 맛있어서 자꾸 많이 먹게 되고, 그래서 비만·고혈압·당뇨를 일으키는 주범이 되기도 한다. 필자는 이 점에 착안해 고기, 빵, 밥, 분식 등을 먹는 것처럼 먹으면서도 비만에서 탈출하고, 동시에 고혈압과 당뇨에도 도움이 되는 요리법을 이 책에 고스란히 담았다.

이 책에 담긴 요리들은 137만 구독자 유튜브 채널 〈지식한상〉에서도 소개되어, 총 조회수 4천만 회 이상을 기록할 만큼 많은 사랑을 받은 레시피들이기도 하다. '먹고 싶을 때 맛있게 먹는 요리'를 직접 한 번 만들어 보면 재미도 있고, 건강도 챙길 수 있으며, 무엇보다 우리 모두의 소원인 '살 빼기' 목표를 이루는 데 큰 도움이 될 것이다. 독자 여러분이 이 책을 통해 원하는 몸과 건강을 꼭 되찾기를 바란다.

2026년 1월
닥터셰프 임상진

목차

프롤로그
28kg 감량부터 당뇨 극복까지, 답은 결국 '식단'입니다.

PART 1
몰랐던 건강의 오류들, 이제 그만 속으세요!

다이어트, 왜 실패할까?

생활습관병 탈출기, 음식이 문제다!

노화, 음식이 늙게 한다!

건강한 조리법은 따로 있다!

결국 지속 가능한 식단이 답이다!

몰랐던 건강의 오류들,
이제 그만 속으세요

다이어트,
왜 실패할까?

목표는 연예인, 현실은 야식러

"난 한 달에 5kg을 뺄 거야!"

우리는 많은 사람이 이런 결심을 하는 세상에 살고 있다. 패스트푸드, 가공식품, 설탕이 많이 포함된 음료수 등 칼로리가 넘치는 세상에 살고 있으니 당연한 결과다. 과잉 칼로리를 섭취하면서 운동은 역사상 가장 부족한 시대를 살다 보니, 살이 찔 수밖에 없다. 주변을 둘러보면 두 명 중 한 명은 다이어트를 생각하고 있는 듯하다.

나 역시 과거 다이어트를 할 수밖에 없는, 아니 해야만 하는 몸을 가지고 있었다. 나도 살을 빼려고 무수한 다이어트를 시도했지만 처참한 실패를 경험했다. 아마 한 번이라도 다이어트를 시도해본 사람이라면 왜 다이어트에 실패하는지 잘 알 것이다. 그날 다이어트를 위해 밤 11시까지 종일 굶었다면, 야심한 시각에 나도 모르게 치킨을 떠올리며 배달앱을 켜는 자신의 모습을 발견하는 게 현실이기 때문이다.

이번 휴가 때까지만 참자!

정말 굳은 결심을 하고 다이어트를 시도한 사람 중에는 어느 정도 성과가 나타나기도 한다. PRO 다이어트 프로그램 12주 과정에 등록하여 이를 완료한 사람Per-Protocol 중 체중의 5% 이상을 감량한 사람은 전체의 66.1%, 체중 10% 이상을 감량한 사람은 22%로 나타난 데이터도 있다. 하지만 이들이 이후에도 계속해서 감량한 체중을 유지하고 있는지, 다이어트에 '성공했다'고 말할 수 있는지는 어떤 연구 자료에서도 찾아보기 어렵다. 이 결과는 내 주변을 살펴보면 대략 짐작할 수 있다. 대부분이 실패한다는 사실을!

그럼 우린 왜 이런 실패를 맛보는가? 다이어트를 '단기 프로젝트'로 착각하기 때문이다. 명심하라. 다이어트는 단기 프로젝트가 아니라 장기 프로젝트다. 단기 프로젝트는 다이어트 휴가가 끝나자마자 식욕이 폭발하면서 처참한 결말을 맞게 된다. 다이어트는 단기 시험공부가 아니다. 평생 가져가야 할 습관이다.

'굶으면 되겠지' 전략의 한계

다이어트를 시작하면 누구나 야심 찬 계획을 세운다. 아침은 굶고, 점심은 샐러드, 저녁은 과일 하나. 그러나 현실은 참고 참다가 야식 폭주로 끝나는 경우가 대부분이다. 이게 바로 다이어트의 본질적인 함정이다. 마치 신들을 속인 죄로 영원히 거대한 바위를 산 위로 밀어 올리는 형벌을 받은 시지프스의 굴레처럼 느껴진다.

이런 결과가 생기는 것은 우리 몸의 자연스러운 반응이다. 우리는 '굶으면 살이 빠진다'고 생각하지만, 몸의 입장에서 굶는다는 건 살을 빼는 게 아니라 몸이 덜 움직이게 만드는 기술에 불과하다. 이때 몸은 기초대사량을 줄이는 방식으로 대응하기 때문에, 나중에 다시 폭식하면 지방은 더 잘 붙고 뱃살은 더 늘어날 수밖에 없다.

운동은 늘 '내일부터'

다이어트 계획에서 절대 빠지지 않는 것이 운동이다. 하지만 운동 역시 먹는 것과 거의 비슷한 패턴을 반복한다. 먹는 걸 참는 것이 힘든 것처럼 운동하는 것 역시 매우 힘들다. 다이어트를 결심한 며칠 동안은 열심히 움직여 보지만, 이것도 힘에 부치면 결국 '쉼'이 폭발한다. 그래서 "내일부터 PT 시작!", "비 와서 안 감", "날 더워서 안 감", "다음 달부터 진짜 시작" 같은 핑계가 끝없이 튀어나온다.

주변 환경이 너무 유혹적

결국 다이어트의 핵심은 먹는 것과 운동하는 것, 이 두 가지라고 할 수 있다. 평소와 다르게 먹어야 하고, 평소와 다르게 움직여야 한다. 이것이 가능하려면 주변 환경의 도움이 어느 정도는 필요하다.

당장 집에서 다이어트식을 하려고 하는데 가족들은 불고기를 맛있게 먹고 있다. 그 가운데 나 혼자 다이어트 식단을 챙겨 먹는다는 건 생각처럼 쉽지 않다. 금세 "야, 하루쯤 어때?" 하는 유혹이 들이닥친다. 또 다이어트 때문에 굶는다고 하면 가족들의 걱정스러운 시선을 견뎌내야 한다. 이 순간 깨닫게 된다. 다이어트의 성패는 의지의 싸움이라기보다 환경과의 전쟁이라는 사실을.

담배도 문제가 된다는 사실!

많은 사람이 금연을 했다가 살이 쪘다고 말한다. 실제로 니코틴은 뇌의 식욕 중추를 자극해 식욕을 억제하는 효과가 있고, 몸의 대사율을 증가시키고 혈당을 상승시켜 실제로 먹는 양을 줄이는 효과도 있다. 그래서 담배를 피우던 사람이 담배를 끊으면 이런 효과가 사라져 살이 찌기도 한다. 문제는 이런 이유를 핑계 삼아 담배를 계속 피우는 사람이 있다는 사실이다.

담배를 피우지 않던 사람이 담배를 피우기 시작하면 초반에는 살이 빠질 수 있다. 하지만 장기적으로 보면 오히려 역효과가 날 뿐 아니라 건강에도 악영향을 미치기 때문에, 다이어트를 위해 담배를 피우는 것만큼 어리석은 행동은 없다.

흡연과 다이어트는 마치 불편한 관계를 맺고 있는 동거인과 같다. 흡연은 일시적으로 다이어트에 도움을 줄 수 있지만, 결국 건강을 해치는 나쁜 동거인이다. 나쁜 동거인과의 동거는 오래갈 수도, 오래가서도 안 되는 법이다. 오래가는 다이어트는 오랜 친구처럼 꾸준히 좋은 식습관과 운동을 유지하며 건강을 챙겨야 진짜 효과를 오래 맛볼 수 있다는 사실을 잊지 말라. 결국 흡연이 줄여 준 칼로리는 건강을 빼앗아 간다는 사실을, 절대 잊지 말자!

생각을 확 바꿔!

대부분 다이어트를 시도했다가 실패하는 순간에 자괴감을 느낀다. "나는 안 되는 인간인가 보다", "나는 왜 이 모양일까…" 하고 스스로를 탓한다. 하지만 명심하라. 다이어트 실패는 '내 의지가 나약해서'가 아니라, 내가 식물이 아닌 동물의 몸을 가진 인간이기에 생리적·환경적 영향으로 일어날 수밖에 없다는 사실을! 따라서 다이어트 실패를 자책하기보다, 어떻게 하면 '지속 가능'하면서도 '덜 빡센 방법'을 찾을 수 있을지 고민하는 것이 정답이다.

진드기처럼 달라붙는 요요!

가끔 다이어트에 성공했다는 사람을 보게 된다. 얼마나 독하면 저렇게 살을 뺐을까 싶지만, 어김없이 다시 살이 찌는 모습도 흔히 보게 된다. 살을 뺐다고 해서 끝이 아니다. 요요는 마치 자연의 법칙처럼 찾아온다. 다이어트 성공 후 "다 끝났다!" 하고 달콤한 휴식을 취하는 사이, 어느새 요요는 소리 없이 다가와 진드기처럼 달라붙는다. 왜 요요는 마치 때가 되면 돌아오는 제비처럼 다시 찾아오는 걸까?

폭풍 식습관의 '복귀'

다이어트에 성공한 후에는 그동안 참고 지낸 날들에 대한 보상심리가 작동하게 된다. 보상심리란 노력한 만큼 보상을 받으려는 인간의 본능을 말한다. 이러한 보상심리는 다이어트를 지독하게 할수록 더 강하게 작동한다. 오랜 고통의 다이어트에 대한 보상심리는 조금씩 소소한 방심으로 이어진다. 다이어트 중 그토록 꿈꿨던 맛있는 음식을 보는 순간, 오랜만에 등장한 기름진 음식이나 단 음식이 갑자기 천국처럼 느껴진다.

한 번 정도는 괜찮겠지?

그렇게 먹고 싶었던 초콜릿 1개, 피자 한 조각을 먹는 순간부터 요요는 다시 돌아올 준비를 한다. 그리고 드디어 인내심의 임계점을 넘어서면서 충격적인 폭풍 식사를 경험하게 된다. 그렇게 길게 쌓은 다이어트의 공든 탑은 와르르 무너지고, 그동안 집 나갔던 살들이 다시 돌아오기 시작한다. 이것이 다이어트 성공자들이 흔히 겪는 요요 현상이다.

무찌르자, 요요!

그렇다면 어떻게 해야 요요라는 녀석을 이길 수 있을까? 적을 이기려면 적을 알고 나를 알아야 한다. 지피지기면 백전불태라고 하지 않는가. 여기서 적은 요요이고, 나는 나다. 요요를 모르면 무조건 지고, 요요를 알면 요요를 이길 수 있다. 도대체 요요란 무엇인가?

요요는 단순히 내 절제력이 부족해서 일어나는 현상이 아니다. 내 몸의 본능에서 비롯된 생리적·호르몬적·심리적 요인들이 복합적으로 작용해 나타나는 결과임을 알아야 한다.

먼저 생리적으로, 다이어트를 하면 에너지 부족 상태에 대응하기 위해 기초대사량을 낮추는 작용이 일어난다. 즉, 다이어트에 한 번 성공한 상태는 기초대사량이 다소 낮아진 상태다. 기초대사량이 낮아지면 예전과 비슷한 양을 먹어도 살이 더 쉽게 찔 수 있어 요요가 찾아오기 쉬운 환경이 된다.

호르몬 변화도 중요하다. 배고픔을 느끼게 하는 호르몬인 그렐린은 체중을 줄일 때 증가하는 경향이 있다. 그렐린 수치가 높아지면 더 자주, 더 강하게 배고픔을 느끼게 되어 다시 요요를 맞이할 가능성이 커진다. 반대로 체중을 줄이면 체중을 유지하는 데 중요한 역할을 하는 렙틴 수치는 낮아져 포만감을 덜 느끼게 된다. 이로 인해 과식할 위험이 커지면서 요요를 막기 어려워진다.

심리적 요인은 앞에서 이야기한 보상심리와 깊이 연결되어 있다. 이처럼 요요는 인체의 생리적·호르몬적·심리적 요인들이 복합적으로 작용해 나타나는 결과이므로, 이를 알고 미리 대비하는 것이 중요하다.

나를 몰라도 실패해!

요요를 이기려면 무엇보다 '나'부터 알아야 한다. 대개 다이어트를 시작하는 사람은 나에 대한 이해 없이 무작정 다이어트를 시도한다. 하지만 다이어트의 핵심은 절제력과 끈기력이다. 내가 얼마나 음식에 대한 본능을 절제할 수 있는지, 그리고 그 절제를 얼마나 꾸준히 지속할 수 있는지가 핵심 성공 요인이다. 자신의 절제력과 끈기력이 어느 정도인지는 평소의 모습을 떠올리면 대략 판단할 수 있다. 다이어트에 진짜로 성공하고 싶다면, 먼저 내 성향을 인정하고 그 위에 절제력과 끈기력을 키우는 전략을 세워야 한다.

요요를 무찌르는 비결, 건강 다이어트!

이제 요요를 이기고자 한다면 앞에서 이야기한 요요의 특성과 나의 성향을 바탕으로 대비책을 세워야 한다. 끈기력은 어느 정도 갖춘 사람도 있지만, 음식에 대한 절제력을 충분히 갖춘 사람은 많지 않다. 따라서 단순히 "덜 먹는 것"만으로 지속적으로 버티는 방식은 결국 실패할 수밖에 없다는 사실을 인정해야 한다. 또한 단기적으로 음식을 줄이는 방식은 앞에서 설명한 생리적·호르몬적 원리 때문에 시간이 지나면 거의 반드시 요요라는 대가를 치르게 된다는 점도 알아야 한다.

이러한 문제를 극복하기 위해 제시하는 방법이 바로 '건강 다이어트'다. 건강 다이어트란 말 그대로 건강을 우선에 두면서 살을 빼는 방법이다. 몸을 해치면서 살을 빼는 것이 아니라, 건강을 회복하고 지키는 과정에서 자연스럽게 체중이 줄어들도록 만드는 다이어트다.

건강 다이어트 세 가지 수칙!

건강 다이어트의 첫 번째 수칙은 "천천히 빼자"이다. 천천히 살을 빼면, 급격히 체중을 뺄 때 나타나는 기초대사량 감소를 어느 정도 막아줄 수 있다. 체중 감량 속도가 완만할수록 몸이 '위기 상황'으로 인식하지 않아, 요요 위험도 상대적으로 줄어든다.

두 번째 수칙은 "음식의 양이 아니라 내용을 바꾸자"이다. 양만 줄이면 허기가 심해지고, 그에 따른 생리적·호르몬적·심리적 반응이 반드시 나타난다. 따라서 단순히 적게 먹는 대신, 탄수화물 중심 식단을 자연식, 특히 채소와 단백질 위주의 식단으로 바꾸면 영양은 높이면서도 전체 칼로리는 낮출 수 있다. 이렇게 바뀐 식단은 자연스럽게 체중을 줄이고, 동시에 건강 지표도 좋아지는 방향으로 이끈다.

세 번째 수칙은 음식뿐 아니라 운동·수면·스트레스까지 함께 관리하는 것이다. 운동은 내 몸 상태에 맞는 운동을 꾸준히 하는 것이 중요하고, 스트레스는 그때그때 해소하는 루틴이 필요하다. 수면 역시 건강 다이어트의 필수 요소다. 흔히 잠을 못 자면 피곤해서 살이 빠지고 여위게 될 것이라고 생각하지만, 실제로는 그 반대다. 잠이 부족하면 몸은 이를 위기 상황으로 인식해 소모하는 열량을 가능한 한 줄이고, 동시에 배고픔과 식욕을 늘리는 방향으로 반응해 체중이 더 쉽게 늘어날 수 있다.

식욕은 친구, 억제는 적!

나는 과거 비만 때문에 쉽게 지치고, 건강까지 위협받는 지경에 이른 적이 있었다. 집안 내력으로 가족성 당뇨와 고혈압이 있었고, 이로 인해 생명보험까지 거절당할 정도였기 때문에 무조건 살을 빼야 하는 상황이었다. 그때마다 시도한 것이 바로 "무조건 식욕을 참고 덜 먹는 다이어트"였다.

그러나 식욕을 억누르는 다이어트는 늘 "오늘도 실패했다"는 패배감으로 돌아왔다. 그때 문득 이런 생각이 들었다. '먹고 싶은 걸 먹으면서도 할 수 있는 다이어트는 없을까?'

마침 나는 요리에 관심이 많았고, 결국 한식·일식·중식·양식 4개 분야 조리사 자격증에 이어 복어 자격증까지 취득하게 되었다. 덕분에 "먹으면서도 살을 뺄 수 있는 다이어트"의 원리를 찾을 수 있었다. 그것이 바로 내가 이야기하는 '먹고 싶을 때 먹는 다이어트'다. 어떻게 먹고 싶을 때 먹으면서도 살을 뺄 수 있을까? 앞에서도 이야기했듯, 핵심은 음식의 양이 아니라 음식의 내용을 바꾸는 것이다.

'먹고 싶은 거 참아야 한다'는 생각에만 매달리면 스트레스가 쌓이고, 결국 폭식으로 이어지기 쉽다. 이때 식욕은 다이어트의 친구이고, "무조건 억제"가 다이어트의 적이라는 사실을 알아야 한다. 그러니 식욕을 억누르기보다는 "똑똑하고 바르게 먹자"라는 마음가짐으로, 칼로리는 적으면서도 맛있고 영양가가 높은 음식을 선택해야 한다.

이처럼 식욕을 억제하지 않으면서도 제대로 활용하는 것이 바로 '먹고 싶을 때 먹는 다이어트'의 핵심이다. 배고픔을 참고 버티는 다이어트는 결국 오래 지속하기 어렵다. 대신 식욕을 건강한 방향으로 돌려놓는 것이 중요한 포인트다.

가장 좋은 다이어트는 '먹는 다이어트'

우리는 다이어트를 한다고 하면 본능적으로 음식을 굶거나 극단적으로 줄이는 일을 떠

올린다. 그동안의 경험으로 "살이 빠지는 것은 결국 음식에 달려 있다"고 믿기 때문이다. 물론 음식은 매우 중요하다. 하지만 다이어트를 한다고 해서 무조건 맛있는 음식을 포기해야만 하는 것은 아니다. 사실 다이어트의 본질은 결국 "살을 어떻게 건강하게 뺄 것인가"라는 문제다. 살을 빼기 위해 반드시 "무조건 먹지 않는 것"만이 답은 아니다. 건강한 방법으로 먹으면서도 살을 빼는 길이 얼마든지 있다. 이 사실을 받아들여야 한다.

나는 그 사실을 몸으로 증명한 사람이다. 젊은 시절 내 체중은 90kg이 넘었지만, 30대 중반에 당뇨와 고혈압 진단을 받고, 이후 점점 나빠지는 건강 상태에 충격을 받아 40대 초반부터 본격적으로 다이어트를 시작했다. 그 결과 무려 20kg을 감량했고, 지금까지도 정상 체중을 유지하고 있다. 그 비법이 바로 '먹고 싶을 때 먹는 다이어트'다. 나 역시 과거에는 굶는 다이어트를 여러 번 시도했지만, 결국 심한 요요를 반복해서 겪어야 했다. 그러나 '먹고 싶을 때 먹는 다이어트'를 실천한 이후로는 더 이상 요요에 시달리지 않고 정상 체중을 유지해오고 있다.

먹는 다이어트, 어떻게 가능한가

그렇다면 구체적으로 어떻게 "먹는 다이어트"가 가능할까? 보통 다이어트를 떠올리면 먼저 탄수화물, 특히 밥·빵·국수를 줄이고 그 대신 닭가슴살·곤약·두부 등을 떠올리게 된다. 하지만 이렇게 억지로 대체 식재료만 먹는 방식은 대부분 실패로 끝난다. 시간이 지나면 다시는 그 재료들을 쳐다보기도 싫어지기 때문이다. 이유는 간단하다. 맛이 없기 때문이다.

따라서 여기서 말하는 '먹는 다이어트'는 곧 "맛있게 먹는 건강 다이어트"임을 명심해야 한다. 건강 다이어트는 일반적인 다이어트와 달리, 이름에서 알 수 있듯이 건강이 첫째이고 다이어트가 둘째다. 건강하게 먹는 식습관이 먼저 자리 잡으면, 체중 감량은 그 결과로 따라온다는 생각이 바탕에 깔려 있다.

주변의 먹거리를 둘러보면 온통 가공식품과 패스트푸드로 가득 차 있다. 이런 음식과 재료들은 대체로 칼로리가 높을 뿐 아니라, 상업적 목적 때문에 건강에 도움이 되지 않는 각종 첨가물과 조리법을 동원해 만들어진 경우가 많다. 한 번 먹기 시작하면 강한 맛에 이끌려 과식하기 쉽고, 그 결과는 고스란히 체중 증가와 건강 악화로 돌아온다.

이런 먹거리는 건강 다이어트의 식재료로 적합하지 않다. 반대로 가공되지 않은 자연식재료는 영양밀도는 높으면서도 칼로리는 상대적으로 낮은 것이 많다. 시중에서 쉽게 구할 수 있는 각종 채소와 콩류, 버섯류, 해조류 등은 영양가가 높고 칼로리는 낮은 대표적인 건강 다이어트 식재료다. 이런 재료로 맛있는 요리를 만들어 먹을 수 있다면, 누구나 '먹고 싶을 때 먹는 다이어트'에 한 걸음 더 가까이 다가갈 수 있다.

무수히 많은 종류의 건강 식재료가 있다!

우리 문화에는 "풀만 먹고 어떻게 사냐"는 자조 섞인 표현이 있다. 하지만 조금만 시선을 돌려보면, 건강 식재료로 활용할 수 있는 채소와 식물성 식재료가 얼마나 다양한지 금세 알 수 있다.

먼저 잎 채소로는 시금치, 상추, 케일, 청경채, 미나리 등을 들 수 있다. 뿌리 채소로는 당근, 고구마, 순무, 비트, 셀러리 등이 있고, 열매 채소로는 토마토, 오이, 호박, 파프리카, 가지 등이 있다. 그 외의 채소로 브로콜리, 양배추, 아스파라거스, 양상추 등이 있으며, 마늘·고추와 각종 버섯류(팽이버섯, 표고버섯, 느타리버섯 등)도 건강에 유익한 식재료다. 이 중에서도 겉색이 진한 케일·가지·비트 등은 서양에서도 슈퍼푸드로 꼽히는 대표적인 채소다.

채소 중에는 단백질 함량이 높은 콩과 식물도 많다. 완두콩, 강낭콩, 병아리콩, 녹두 등은 단백질과 식이섬유가 풍부해 훌륭한 식단 재료가 된다. 허브와 향신료로 쓰이는 바질, 파슬리, 로즈메리, 민트 등은 요리의 풍미를 살려주면서도 건강에 도움이 된다. 해조류인 미역, 김, 다시마 등도 미네랄과 식이섬유가 풍부한 건강 재료다. 여기에서 언급한 것 외에도 무수히 많은 건강 식재료가 우리 주변에 널려 있다.

이처럼 주변을 잘 둘러보면 건강 식재료는 생각보다 훨씬 풍부하다. 나는 이러한 식재료에 주목해 '먹고 싶을 때 맛있게 먹는 다이어트' 요리를 개발해 왔다. 다음 장에서는 그 구체적인 요리법들을 하나씩 소개하고자 한다.

먹고 싶을 때 먹는 다이어트 개발

'먹고 싶을 때 먹는 다이어트'가 실제로 성공하려면, 먹고 싶은 것을 먹으면서도 건강을 유지하고 살을 뺄 수 있는 나만의 시스템이 마련되어 있어야 한다. 앞에서 열거한 식재료들은 영양가는 높으면서도 칼로리는 상대적으로 낮은 것들이라, 이런 시스템을 만들기에 안성맞춤이다. 나는 그 점에 착안해 이러한 식재료들을 바탕으로 한 요리들을 개발하기 시작했다. 시중에서 이런 방식의 요리를 체계적으로, 그리고 맛있게 만들어 오래 먹을 수 있도록 시도한 사례는 거의 보지 못했기에, 최대한 창의력을 발휘해야 했다.

온통 살찌는 레시피뿐!

우리나라 사람들은 "밥심으로 산다"는 말을 흔히 한다. 외국 사람들 눈에는 세 끼를 모두 밥으로 먹는 우리의 식문화가 다소 특이하게 보일지도 모른다. 그만큼 한국인은 밥에 익숙하고, 밥을 중심으로 한 식단에 정서적으로도 많이 기대고 있다. 문제는 우리가 주로 먹는 흰쌀밥과 단맛이 강한 빵·디저트가 대체로 열량이 높고, 빠르게 소화·흡수되어 혈당과 인슐린을 급격히 올린다는 점이다. 이렇게 에너지 밀도가 높은 탄수화물을 과하게 섭취하는 식단은 체중 증가와 비만의 중요한 원인이 될 수 있다. 근래에는 서구화된 식문화로 밥 대신 빵을 먹는 사람이 늘고 있는데, 정제된 밀가루와 설탕이 많이 들어간 빵 역시 과하면 다이어트에는 도움이 되지 않는다. 결국 밥과 빵 중심의 식사를 계속 유지한다면, 체중을 줄이거나 유지하기가 쉽지 않다.

열량의 또 다른 축은 지방이다. 특히 기름진 고기와 튀김 요리는 열량이 매우 높다. 우리 식탁을 보면 고기가 전혀 들어가지 않은 반찬을 찾기가 오히려 어려울 정도다. 많은 사람이 마블링이 많은 소고기나 삼겹살을 가장 맛있는 고기로 꼽는다. 하지만 이런 기름진 부위는 다이어트 관점에서 보면 되도록 줄이는 편이 좋다. 또 기름에 튀기거나 듬뿍 볶아 만든 요리도 다이어트에는 불리하다. 지방은 1g당 칼로리가 높기 때문에, 이런 음식들을 자주 많이 먹으면 체중이 늘어나기 쉽다. 문제는, 시중의 맛있는 음식들 가운데 상당수가 바로 이런 방식으로 조리된다는 데 있다.

살 안 찌는 '진짜' 레시피

현재 우리나라에서 밥과 빵, 기름진 고기와 튀김을 모두 빼고도 "맛있다"고 느껴지는 요리를 만든다는 것은 쉬운 일이 아니다. 주변이 온통 밥과 빵, 고기와 기름으로 만든 요리로 넘쳐나고 있기 때문이다. 이는 곧 우리가 이런 식재료로 만든 요리에 이미 매우 익숙해져 있다는 뜻이기도 하다. 우리나라 사람들이 즐겨 먹는 대표적인 요리로 볶음밥, 김밥, 빵, 각종 면요리, 만두, 튀김 요리, 전, 치킨, 불고기 등을 들 수 있다. 다이어트를 하는 사람이 "뭔가 맛있는 걸 먹고 싶다"고 했을 때 가장 먼저 떠오르는 메뉴도 대부분 이런 계열의 음식일 것이다.

하지만 이런 요리들은 대체로 쌀, 밀가루, 설탕, 기름, 지방이 많은 고기 등 열량이 높은 재료로 만들어지는 경우가 많아, 그대로 먹으면 다이어트에는 불리하다. 그래서 많은 사람이 "이런 건 무조건 참아야 한다"고 생각하며 극단적인 인내 모드로 들어간다. 결국 참고 참다가 어느 순간 폭발하는 것이 우리에게 익숙한 다이어트의 자화상이다.

나는 이런 점에 주목해, 건강 식재료를 이용해 볶음밥·김밥·빵·만두·전 같은 요리를 "다이어트 버전"으로 맛있게 먹을 수 있는 레시피 개발에 착수했다. 그렇게 해서 탄생한 '먹고 싶을 때 먹는 다이어트 요리'에는 평소 우리가 익숙하게 먹던 김밥·빵·만두·전 같은 메뉴가 그대로 등장한다. 다만 다이어트에 불리한 쌀·밀가루·설탕·기름·기름진 고기 등의 사용을 최소화하고, 대신 앞에서 살펴본 건강 식재료들을 적극 활용해 전체 열량을 낮추고 포만감과 영양가는 높이도록 설계했다.

이런 방식으로 만든 요리는 같은 양을 먹어도 일반 레시피보다 칼로리가 훨씬 낮고, 식이섬유와 단백질 덕분에 포만감이 오래가 체중 관리에 큰 도움이 된다. 잘만 활용하면 건강은 좋아지고, 체중은 서서히 내려가는 선순환을 만들 수 있다. 이제부터 이런 특별한 '다이어트 요리'의 세계로 여러분을 초대하고자 한다.

생활습관병 탈출기, 음식이 문제다!

고혈압, 당뇨 부르는 음식 세상

삼겹살, 숯불갈비, 김밥, 떡볶이, 튀김, 라면, 칼국수, 돈까스, 피자, 파스타, 스테이크, 짜장면, 짬뽕, 볶음밥, 탕수육, 마라탕, 치킨 등은 현대 한국인이 즐겨 먹는 대표 음식들이다. 그런데 이 음식들이 대부분 고혈압이나 당뇨 같은 생활습관병에 취약한 음식이라는 사실을 아는 사람은 많지 않다. 현대 의학에서 고혈압과 당뇨의 위험을 높이는 음식으로 알려진 것은 짠 음식, 단 음식, 튀긴 음식, 과도한 지방, 정제된 탄수화물 등이다. 위에 열거한 음식들을 가만히 살펴보면 이 다섯 가지 요인에서 자유로운 음식은 사실상 없다.

현대 한국인들은 이처럼 자신도 모르게 고혈압과 당뇨를 부르는 음식에 노출된 채 살아가고 있는 셈이다.

가공식품이 위험하다고!

현대인은 대부분 마트에서 식재료를 구입하는 구조 속에 살아가고 있다. 그런데 마트를 가보면 과일과 채소 코너를 제외하면 매대의 상당 부분이 각종 가공식품으로 진열되어 있음을 볼 수 있다. 결국 가공식품을 식재료로 구입할 수밖에 없고, 우리의 식탁은 가공식품을 재료로 만든 요리로 가득 차기 쉽다.

가공식품, 특히 초가공식품이 건강에는 좋지 않다는 연구 결과도 꾸준히 발표되고 있다. 프랑스와 스페인에서 진행된 코호트 연구에 따르면 식단에서 초가공식품 비율이 10% 늘어날 때 전체 심혈관질환CVD 위험이 약 12% 증가하고, 관상동맥질환은 약 13%, 뇌혈관질환은 약 11% 증가했다는 보고가 있다. 이 외에도 브라질, 한국, 캐나다 등 여러 나라에서 초가공식품 섭취가 고혈압, 당뇨 그리고 비만 같은 만성질환과 연관된다는 근거가 계속 쌓이고 있다.

일반적으로 가공식품은 나트륨 함량이 높아 고혈압과 심혈관질환 위험을 높인다. 또 정제 탄수화물과 설탕이 많이 들어 있어 당뇨병 위험도 높인다. 여기에 포화지방과 트랜스지방 함량까지 높은 경우가 많아 비만과 심혈관질환을 일으킬 가능성도 커진다.

가공식품에서 또 다른 문제가 되는 것은 긴 유통 기간과 강한 맛을 위해 넣는 각종 첨가물이다. 보존제, 색소, 감미료, 향미증진제, 유화제 등 음식을 오래 보존하고 맛과 향, 색을 내기 위한 첨가물들이 들어가는데, 이들 가운데 일부가 건강에 부정적인 영향을 미칠 수 있다는 연구도 적지 않다. 결국 가공식품은 고염, 고당, 고탄수화물, 고지방 조합에 첨가물까지 더해져 건강을 위협하는 성분들로 둘러싸여 있는 셈이니, 건강에 좋은 음식이라고 보기는 어렵다.

화려한 입맛 뒤의 검은 그림자!

현대인은 역사상 최고로 진화된 입맛을 가진 첫 세대라고 해도 과언이 아니다. 이러한 '입맛 백화점'이 몰려 있는 곳이 바로 편의점이다. 편의점 문을 열면 현대인의 입맛을 만족시킬 각종 가공식품이 진열대를 가득 메우고 있다. 간편하게 한 끼를 해결할 수 있는 삼각김밥부터 3분 만에 완성되는 일품요리, 컵라면, 거기에 마지막 입안을 상쾌하게 마무리해 주는 탄산음료까지 다양한 유혹이 기다린다.

식당들은 또 어떤가. 한식, 중식, 일식, 양식 식당들이 각자의 방식으로 입맛을 공략하며 온갖 화려한 요리들로 손님을 끌어들인다. 이 과정에서 요리들은 '맛 경쟁'에 휘말리며 고염, 고당, 고열량, 고지방, 고양념 등 결코 건강에 도움이 되지 않는 방향으로 만들어지기 쉽다. 외식을 하면 할수록 입맛은 최대로 만족하지만, 건강은 점점 나락으로 떨어진다.

사람들은 화려한 입맛 뒤에 고혈압과 당뇨 같은 생활습관병의 씨앗이 도사리고 있다는 사실을 잘 인식하지 못한다. 설사 알고 있다 하더라도 이미 인스턴트 입맛에 길들여진 현대인은 그 세계에서 빠져나오기 매우 힘들다. 결국 비만과 각종 생활습관병에 노출되고서야 뒤늦게 절제해 보려고 애쓰지만, 쏟아져 나오는 치킨 광고 한 번만 봐도 인스턴트 입맛이 금세 되살아나며 무너지는 자신의 모습을 발견하게 된다. 이것이 오늘날 많은 현대인의 씁쓸한 자화상이다.

달콤한 덫, 탄수화물 중독의 문제!

한국인의 밥상은 탄수화물로 가득하다. 아침은 빵, 점심은 국수, 저녁은 밥 두 공기, 여기에 입맛을 다시게 하는 과자 간식까지 더해진다. 이쯤 되면 몸은 이미 탄수화물 중독의 늪에 빠져 있다고 해도 무리가 아니다.

탄수화물 중독이란 담배에 중독된 것처럼 섭취를 중단했을 때 금단 증상이나 강한 갈망이 나타나는 상태를 말한다. 의학적으로 엄밀한 진단명이라기보다, 실제로 많은 사람이 겪는 경험을 설명하기 위한 표현이다. 문제는 탄수화물이 지방과 더불어 칼로리가 높은 영양소이기 때문에 과다 섭취하면 그 에너지가 고스란히 체지방으로 저장된다는 데 있다. 즉 비만의 주요 원인 가운데 하나가 바로 탄수화물이다. 게다가 정제 탄수화물은 혈당을 급격히 높여 인슐린 저항성을 악화시키므로 당뇨병의 중요한 위험 요인이 되기도 한다.

게다가 탄수화물은 강한 쾌감을 주고 갈망을 일으키기 때문에 한 번 패턴이 굳어지면 끊기가 쉽지 않다. 그래서 다이어트를 시작하거나 건강을 위해 식단을 바꾸려고 할 때 가장 큰 적으로 등장하는 것이 바로 탄수화물이다. 특히 정제 탄수화물은 고혈압과 당뇨병은 물론 비만의 중요한 적이 되기 때문에, 건강을 되찾고자 한다면 반드시 넘어야 할 벽이라고 할 수 있다.

고혈압 당뇨 약이 난무하는 세상

오늘날 우리나라에서 고혈압 진단을 받은 인구는 약 1300만 명, 당뇨병 진단을 받은 인구는 600만 명에 조금 못 미치는 것으로 알려져 있다. 이들 상당수가 고혈압약과 당뇨약에 의지해 치료를 이어가고 있다. 필자 역시 이 통계 속 숫자 가운데 한 사람일 것이다.

고혈압·당뇨 약은 혈압과 혈당 수치를 안정시켜 주는 데 분명한 긍정적 효과가 있다. 문제는 약물 효과만 믿고 식단과 생활습관은 전혀 바꾸지 않는 사람이 적지 않다는 점이다. 고혈압과 당뇨병의 발생에는 유전과 나이, 운동 부족, 스트레스 등 여러 요인이 관여하지만, 인스턴트·가공식품 위주의 식단이 매우 중요한 위험 요인이라는 점은 분명하다. 따라서 약에만 의존하기보다, 고혈압·당뇨의 큰 원인 가운데 하나인 식단을 바꾸려는 노력이 반드시 병행되어야 한다.

고혈압, 당뇨를 탈출시켜 줄 식단!

가공식품과 인스턴트 식품은 대개 매우 맛있다. 그래서 과식을 부르기 쉽고, 결국 비만·고혈압·당뇨로 이어지기 쉽다. 여기에서 우리는 고혈압과 당뇨에서 벗어날 하나의 중요한 비법을 발견할 수 있다. 바로 식단을 과감히 바꾸는 것이다.

그렇다면 어떤 식단이 고혈압·당뇨 탈출에 도움이 될까. 답은 비교적 분명하다. 가공식품과 인스턴트 식품을 최대한 줄이고, 자연 재료로 만든 요리로 식탁을 채운 식단이다. 이것은 앞에서 이야기한 건강 다이어트 식단과 그대로 연결된다. 각종 자연 채소와 단백질 식재료를 활용한 요리로 지금의 가공식품 위주 식단을 바꾸면, 고혈압·당뇨를 예방하고 관리하는 데 큰 도움을 얻을 수 있다.

문제는 가공에 길들여진 입맛!

여기에서 가장 큰 문제는 역시 입맛이다. 이미 가공식품에 길들여진 사람에게 아무리 몸에 좋다고 설명해도 채소로 가득한 요리가 쉽게 마음에 들기 어렵다. 보통 고혈압이나 당뇨 진단을 받으면 위기의식이 생기기 때문에 채소 요리를 한두 번 정도는 먹어 볼 수 있다. 그러나 그것을 지속하는 일은 정말 쉽지 않다. '차라리 약을 먹더라도 입맛만은 포기할 수 없다'는 생각이 스멀스멀 올라온다. 온몸을 자극하는 고기의 맛을 어떻게 쉽게 포기할 수 있겠는가.

탄수화물 중독도 문제!

입맛도 쉽게 포기할 수 없지만, 더 큰 난관은 탄수화물 중독이다. 그동안 습관처럼 먹어 온 빵, 밥, 면, 과자를 과연 단번에 포기할 수 있을까. 이는 태어날 때부터 이어져 온 식습관이자, 수십 년 동안 몸과 뇌에 깊이 새겨진 패턴이라고 볼 수 있다. 실제로 탄수화물 중독에서 벗어나는 일은 담배 중독이나 알코올 중독에서 벗어나는 것만큼 어렵다고 이야기되기도 한다. 자연 재료 중심의 식단으로 바꾸기 위해서는 입맛은 물론 탄수화물 중독의 벽도 함께 넘어야 한다. 과연 이것이 가능할까.

먹고 싶을 때 먹어도 되는 식단!

필자는 스스로 비만과 고혈압, 당뇨를 모두 경험했기에 이 문제들을 어떻게 극복할지 오랫동안 고민해 왔다. 이 문제를 풀기 위해서는 채소 등 자연 재료로 요리를 만들더라도 가공식품 못지않게 맛이 있어야 하고, 정제 탄수화물을 거의 먹지 않으면서도 마치 먹은 듯한 만족감을 줄 수 있어야 한다고 생각했다.

그리고 이렇게 탄생한 건강 식단은 필자가 요리를 좋아하고 다섯 가지 조리사 자격증을 취득했기에 가능했다. 자연 재료를 사용하면서도 가공식품 식단 못지않은 맛을 낼 수 있었고, 탄수화물을 거의 사용하지 않으면서도 마치 탄수화물을 충분히 먹은 듯한 느낌을 주는 요리들을 개발할 수 있었다.

뒷부분에 소개될 '양배추 야채롤', '사과당근빵' 등은 고혈압·당뇨 관리에 도움이 될 수 있는 대표적인 자연 재료 요리라 할 수 있다.

노화,
음식이 늙게 한다!

노화와 음식의 악연

세월과 노화는 막을 수 없다는 말이 있다. 세월은 누구도 거스를 수 없지만, 노화의 속도는 어느 정도 우리의 노력으로 늦출 수 있다. 노화를 늦추기 위해서는 먼저 노화가 왜, 어떻게 일어나는지를 이해해야 한다.

노화는 유전과 호르몬 같은 내적 요인에 생활습관과 환경 요인이 복합적으로 작용해 나타나는 것으로 알려져 있다. 이때 생활습관 가운데 특히 큰 영향을 미치는 요소 중 하나가 바로 음식이다. 음식이 노화를 일으키는 이유는 우리가 매일 먹는 음식에서 노화의 핵심 원인 물질로 알려진 활성산소가 발생하고, 잘못된 음식 습관이 노화의 또 다른 원인 물질인 당독소AGEs와 만성 염증을 유발하기 때문이다.

인간이 생존하기 위해서는 음식을 먹어야 하는데, 그 음식이 동시에 노화를 촉진하기도 한다. 이런 점에서 노화의 관점에서 보면 음식은 참으로 아이러니한 '악연'이다. 하지만 좋은 음식 습관을 갖추면 노화의 속도를 늦출 수 있으니, 완전히 악연이라고만 볼 수는 없다.

노화를 앞당기는 음식 메커니즘

음식으로 노화를 늦추기 위해서는 음식 때문에 몸 안에서 어떤 노화 관련 물질이 생기는지부터 알아야 한다. 먼저 활성산소는 음식이 소화·대사되는 과정에서 필연적으로 발생하는 물질로, DNA와 단백질, 지질 등을 공격해 세포 기능을 저하시킴으로써 노화를 촉진하는 것으로 알려져 있다. 다만 활성산소는 소량일 때는 면역 반응과 세포 증식 등 인체에 유익한 역할도 한다. 문제는 활성산소가 과량으로 생성되면 산화 스트레스를 일으켜 DNA를 손상시키고 노화를 앞당기는 등 인체에 해로운 영향을 준다는 점이다. 당연히 건강에 해로운 음식을 자주, 많이 섭취할수록 활성산소가 과도하게 발생할 가능성이 높아진다.

다음으로 당독소AGEs(최종 당화산물)가 있다. 이는 정제 탄수화물을 많이 섭취하거나 혈당이 자주 높게 유지될 때, 당 성분이 단백질·지질과 결합하면서 만들어지는 물질이다. 이러한 당독소는 콜라겐과 엘라스틴을 공격해 혈관의 탄력을 떨어뜨리고, 피부의 탄력을 떨어뜨려 주름을 늘어나게 하는 주요 물질 가운데 하나로 알려져 있다.

마지막으로 잘못된 식습관은 장내 유해균의 증가와 만성 염증을 일으키기 쉽다. 이러한 염증과 유해균 증가는 세포 손상을 촉진해 노화를 가속화할 수 있다. 잘못된 식습관이 이런 여러 메커니즘을 통해 인체의 노화를 앞당긴다는 사실을 이해하는 것이 중요하다.

노화를 부추기는 음식들이 있다고?

케이크, 과자, 흰 빵, 하얀 쌀밥, 탄산음료 등 우리가 너무도 쉽게 접하는 음식들은 먹는 순간 달콤한 행복을 주지만, 몸속에서는 노화를 부추길 수 있다는 사실을 알아둘 필요가 있다. 정제 탄수화물로 만들어진 이 음식들이 노화를 촉진하는 메커니즘은, 소화 과정에서 앞에서 이야기한 당독소AGEs가 많이 생성되기 쉽기 때문이다. 당독소는 단백질과 콜라겐을 공격해 혈관 노화, 피부 탄력 저하, 주름 증가 등을 일으키는 물질로 알려져 있다.

우리의 입을 강렬하게 유혹하는 튀김, 치킨, 패스트푸드, 마가린 등은 또 어떤가. 이런 음식류에서 특히 주목해야 할 것은 포화지방과 산화지방, 트랜스지방이다. 포화지방은 혈관 벽에 플라크를 쌓아 심혈관질환 위험을 높일 수 있고, 산화지방과 트랜스지방은 세포막을 뻣뻣하게 만들어 노화와 심혈관질환을 촉진할 수 있다.

이외 과도한 가공식품 섭취와 그 안에 들어 있는 일부 첨가물도 노화를 앞당길 수 있다. 나트륨을 과다 섭취하게 만들고, 일부 첨가물·보존제·인공 감미료 등이 인체의 균형을 교란해 염증을 촉진함으로써 노화를 빠르게 진행시킬 수 있다는 연구들이 보고되고 있다.

또한 지나친 음주는 노화를 앞당기는 대표적인 생활습관이다. 알코올은 간 기능을 떨어뜨리고 피부를 건조하게 만들며, 전신의 염증 반응을 촉진한다. 이 때문에 과음을 습관처럼 하는 사람들은 또래보다 더 빨리 늙어 보이는 경우가 많다.

저속 노화를 위한 항산화

우리는 거울 속에 비친 주름을 보며 자신이 조금씩 늙어 가고 있음을 알아차린다. 이러한 주름을 지우기 위한 현대인의 노력은 주로 화장품에 집중되어 있는 듯하다. 그러나 화장품만큼이나, 아니 그보다 더 근본적인 방법은 바로 우리가 매일 먹는 음식이다. 앞에서도 이야기했듯 노화를 앞당기는 주범은 '산화 스트레스'이다. 잘못된 식습관 때문에 생긴 과도한 활성산소가 세포를 공격하면서 피부는 탄력을 잃고, 혈관은 딱딱해지며, 인체는 빠르게 늙어 간다.

핵심은 산화 스트레스를 줄이는 것이다. 이와 관련해 자주 등장하는 용어가 바로 '항산화'이다. 항산화란 활성산소에 의해 세포와 조직이 손상되는 과정인 '산화酸化'에 저항한다는 의미로, 말 그대로 활성산소로 인한 손상을 막아 주는 작용을 뜻한다. 그러므로 노화를 늦추기 위해 항산화는 매우 중요한 대응 전략이라고 할 수 있다.

노화를 늦춰 줄 항산화 물질

'저속 노화'가 하나의 트렌드가 되면서 시중에는 각종 항산화 식품이 쏟아져 나오고 있다. 현대인은 이제 항산화 식품을 통해 어느 정도 산화 스트레스를 줄일 수 있는 시대를 살고 있다. 항산화 음식들을 꾸준히 먹으면 몸속에서 항산화 작용이 활발해지고, 노화의 속도 역시 완만해질 수 있다.

대표적인 항산화 물질 가운데 하나가 비타민 C다. 우리는 이미 오렌지와 귤에 비타민 C가 풍부하다는 사실을 잘 알고 있다. 그 외에도 키위, 구아바, 아세로라 체리 등 비타민 C가 풍부한 과일들이 많다. 채소인 피망(특히 빨간색과 노란색)에도 키위 못지않은 비타민 C가 들어 있다. 피망뿐 아니라 여러 채소에도 과일 못지않은 비타민 C가 풍부하다는 사실은 알아 둘 만하다.

이 밖에도 비타민 E, 오메가3 지방산, 폴리페놀, 플라보노이드, 안토시아닌 등은 대표적인 항산화 물질들이다. 안토시아닌은 플라보노이드의 한 종류이고, 플라보노이드는 다시 폴리페놀에 속한다. 오메가3 지방산을 풍부하게 함유한 기름진 생선과 일부 견과류·씨앗류(아몬드, 호두)는 세포막을 튼튼하게 하고 혈관을 유연하게 만드는 데 도움을 줄 수 있다. 폴리페놀과 플라보노이드, 안토시아닌이 풍부한 블루베리, 석류, 녹차 등도 활성산소의 독성을 줄이는 데 큰 역할을 한다.

동안을 만들어줄 초특급 물질

여기에 저속 노화에 도움을 주면서 '노화 방패' 역할까지 기대할 수 있는 초특급 물질을 하나 소개하고자 한다. 바로 각종 채소 속에 들어 있는 파이토케미컬Phytochemical이다. 우리는 그동안 탄수화물, 지방, 단백질, 비타민, 미네랄(무기염류) 같은 5대 영양소에만 집중해 왔다. 하지만 연구 결과 각종 채소와 과일 등에 인체의 항산화 작용을 돕는 미세한 물질들이 다수 존재한다는 사실이 밝혀졌다. 토마토의 라이코펜, 당근의 베타카로틴, 브로콜리의 설포라판 같은 물질들이 대표적이다. 연구에 따르면 이러한 파이토케미컬은 5000~10000종 이상 존재하는 것으로 추정된다.

파이토케미컬은 식물이 스스로를 보호하기 위해 만들어 내는 생리 활성 물질로, 우리가 섭취하면 항산화뿐만 아니라 항염, 면역 강화 등 다양한 건강 효과를 기대할 수 있다. 중요한 점은 이러한 파이토케미컬이 주로 식물성 식재료에만 들어 있다는 사실이다. 필자는 이 점에 착안해, 먹는 순간 '동안'을 돕는 초항산화 식단을 개발하게 되었다.

먹는 순간 동안이 되는 초항산화 식단

먹는 순간 동안에 도움이 되는 초항산화 식단의 핵심은 재료의 선택과 맛에 있다. 재료는 당연히 비타민과 파이토케미컬이 풍부한 식재료를 선택해야 하고, 아무리 몸에 좋아도 맛이 없으면 오래 지속되기 어렵기 때문에 맛 역시 매우 중요한 요소다.

여러 가지 초항산화 요리들이 있지만, 여기에서는 두 가지를 대표로 소개하고자 한다. 먼저 '초항산화 브로콜리 샐러드 요리'다. 브로콜리는 피망 다음으로 항산화 물질인 비타민 C가 풍부한 채소다. 특히 브로콜리의 대표 성분이라 할 수 있는 설포라판은 강력한 항암·해독 물질로 알려져 있다. 또 눈에 좋은 루테인, 지아잔틴, 베타카로틴이 풍부해 노인성 안질환 예방에 도움을 줄 수 있다. 그 외 플라보노이드,

쿼르세틴, 캠페롤 등과 같은 성분은 항산화뿐 아니라 항염증, 심혈관 보호에도 기여한다. 이러한 브로콜리를 주재료로 만든 요리가 바로 초항산화 브로콜리 샐러드 요리다.

다음으로 '아침 당근사과 주스'를 소개한다. 당근과 사과가 몸에 좋다는 사실은 거의 상식처럼 알려져 있다. 당근에 들어 있는 대표적 파이토케미컬인 베타카로틴, 알파카로틴, 루테인 등은 항산화 작용뿐 아니라 눈 건강과 피부 보호에 큰 도움을 줄 수 있다. 또 클로로겐산은 혈당 조절을 돕고, 항염증·활성산소 억제에도 관여하는 것으로 알려져 있다. 파이토스테롤은 콜레스테롤 흡수를 억제해 심혈관 건강에 도움을 준다.

사과 껍질에 풍부한 베타카로틴과 루테인은 항산화 작용과 눈 건강에 도움을 주며, 대표적인 폴리페놀 성분인 플라보노이드와 프로시아니딘은 항산화·항암 작용과 함께 혈압·혈당 조절, 심혈관 보호에 기여할 수 있다. 쿼르세틴 역시 항염·항산화·면역 기능 강화에 도움이 되는 물질로 알려져 있다. 이러한 당근과 사과를 함께 활용한 요리가 바로 '아침 당근사과 주스'이다.

리버스 에이징 효과

누구나 조금이라도 더 젊어 보이기를, 나아가 실제로 젊어지기를 바란다. 이와 관련해 등장한 표현이 '리버스 에이징Reverse Aging'이다. 'Reverse'는 거꾸로라는 뜻이니, 리버스 에이징은 문자 그대로 '노화를 거꾸로 되돌리는 것'을 의미한다. 어떻게 노화를 거꾸로 되돌릴 수 있을까. 과거 스콧 피츠제럴드의 소설 『벤자민 버튼의 시간은 거꾸로 간다』에서도 이런 인간의 욕망이 상상력으로 표현된 바 있다.

물론 노화를 완전히 거꾸로 돌려 시간을 되감는 일은 불가능해 보인다. 그러나 노화의 속도를 늦추거나, 같은 나이대 안에서 더 젊어 보이게 만드는 것은 충분히 가능하다. 그래서 우리는 누군가를 보고 "예전보다 더 젊어졌어"라고 말하기도 하고, 이런 의미에서 '리버스 에이징'이라는 표현을 사용하기도 한다.

리버스 에이징이 가능하려면

누구나 장기적으로 늙어 가는 흐름 자체를 완전히 막을 수는 없다. 그러나 같은 나이대 안에서 더 젊어 보이게 만드는 것은 분명 가능하다. 실제로 외국인들이 우리나라 사람을 보고 나이보다 젊어 보인다고 말하는 경우가 많다. 그리고 예전에 비해 실제 나이보다 어려 보이는 사람이 늘어나고 있고, 평균 수명도 점점 길어지고 있다. 이것은 일정 범위 안에서 '다시 젊어지는 것'이 가능하다는 하나의 지표라 볼 수 있다.

그렇다면 어떻게 해야 리버스 에이징에 가까운 효과를 얻을 수 있을까. 이를 위해서는 몇 가지 조건이 필요하다. 먼저 항산화 활동을 통해 노화를 일으키는 산화 스트레스를 줄여야 한다. 동시에 대사와 호르몬 기능이 개선되어 세포 손상이 줄고 염증이 감소하는 방향으로 몸의 균형이 회복되어야 한다. 이렇게 되면 우리 몸의 상태는 보다 최적에 가까워지고, 생물학적 나이 역시 자연스럽게 젊어질 수 있다.

리버스 에이징에 도움주는 물질들

리버스 에이징에 도움을 얻기 위해서는 앞에서 살펴본 항산화 물질에 더해 해독, 항염, 혈액순환, 근육 세포 재생에 도움이 되는 물질들도 함께 고려할 필요가 있다.

블루베리, 녹차, 사과 등에 많이 들어 있는 폴리페놀과 플라보노이드는 항염 작용과 혈관 보호에 큰 도움을 줄 수 있다. 아마씨와 호두 등에 풍부한 오메가3 지방산은 염증을 억제하고 뇌·심혈관 건강을 지키는 데 중요한 역할을 한다. 당근, 호박, 토마토, 파프리카 등에 많이 들어 있는 카로티노이드는 눈 건강과 피부 보호에 핵심적인 영양소다. 브로콜리, 마늘, 양파, 견과류 등에 많이 존재하는 글루타치온과 셀레늄 등은 해독 작용과 항산화 시스템을 돕는 것으로 알려져 있다.

리버스 에이징을 위해 무엇보다 중요한 것은 근육 세포 재생이다. 이를 위해서는 닭가슴살, 두부, 달걀, 콩 등 단백질이 풍부한 식재료를 충분히 섭취해야 한다. 또한 리버스 에이징을 위해서는 면역력의 핵심이라 할 수 있는 장 건강을 지키는 노력도 필요하다. 섬유질이 풍부한 채소와 통곡물, 콩류 등을 충분히 먹는 것을 결코 소홀히 해서는 안 된다.

닥터셰프의 젊음 식단

이제 리버스 에이징을 위한 식단에 대해 살펴보자. 리버스 에이징을 돕는 식단을 구성하려면 채소의 파이토케미컬과 섬유소, 그리고 단백질이 적절히 조화된 요리가 필요하다. 이를 위해 개발한 요리가 여럿 있는데, 그중 두부계란전과 고구마빵을 대표로 소개하고자 한다.

먼저 두부계란전은 두부와 계란, 대파를 주재료로 만든 요리다. 단백질 덩어리라고 불리는 두부와 계란, 그리고 각종 파이토케미컬을 함유한 대파는 리버스 에이징을 돕는 요리로 손색이 없다. 우리는 대파의 효능을 종종 간과하지만, 대파에 들어 있는 알리신과 디알릴 설파이드는 항균·항바이러스 작용을 하면서 혈액순

환을 개선하는 데 도움을 준다. 또 대파에는 다양한 황 화합물이 들어 있는데, 이는 간 해독에 도움이 되는 것으로 알려져 있다. 인삼에 들어 있는 것으로 유명한 사포닌 성분도 일부 포함되어 있어 면역력 강화에도 보탬이 된다.

다음으로 '고구마빵'은 단백질과 각종 영양소가 풍부한 계란, 쌀보다 탄수화물 함량이 적으면서 파이토케미컬을 함유한 고구마, 그리고 눈 건강에 좋은 블루베리를 주재료로 만든 요리다. 주황색 고구마에는 베타카로틴, 알파카로틴, 루테인 등이 들어 있어 눈 건강에 도움이 되고, 보라색 고구마에는 폴리페놀이 풍부해 항염 작용에 도움을 줄 수 있다. 무엇보다 고구마에는 식이섬유가 풍부해 장 건강에 큰 보탬이 된다. 물론 고구마 역시 탄수화물이기 때문에 과량 섭취하면 다이어트나 당뇨 관리에 부담이 될 수 있다. 그러나 직접 개발한 요리들은 '대체'에 큰 의미가 있다. 흰 밀가루, 흰 쌀밥, 국수 같은 정제 탄수화물 대신, 보다 건강하고 덜 질리고 맛있게 먹을 수 있는 재료로 평생 즐길 수 있는 식단을 만드는 것이 중요한 목표임을 기억해 주었으면 한다.

건강한 조리법은 따로 있다!

맛 내려고 하다 건강을 망치는 조리법

지금까지는 건강 다이어트와 관련한 식단 이야기를 중심으로 살펴보았다. 그런데 우리가 건강 다이어트 식단을 이야기할 때 상대적으로 덜 주목받는 영역이 하나 있다. 바로 '조리법'이다. 그러나 양심상 '먹고 싶을 때 먹는 식단'을 소개하면서 조리법 이야기를 빼놓을 수는 없다. 왜냐하면, 아무리 건강 다이어트에 좋은 재료를 쓴다 해도, 조리법에 따라 그 효과가 반감되거나 오히려 공든 탑을 무너뜨리는 결과를 낳을 수 있기 때문이다.

나쁜 지방을 만들어내는 튀김·볶음 요리

주변에서 가장 흔히 접할 수 있는 요리 중 하나가 튀김 요리다. 기름을 높은 온도로 가열하면 몸에 해로운 산화지방이 쉽게 생성된다. 즉 튀김 요리를 자주 먹는다는 것은 산화된 지방을 그만큼 더 많이 섭취한다는 뜻이 된다. 한편 식용유를 매우 높은 온도에서 반복 가열하면 일부 트랜스지방이 생길 수 있다는 보고도 있다. 이러한 트랜스지방과 산화지방은 우리 몸의 세포를 손상시키고 염증을 일으키는 주요 요인 가운데 하나다.

많은 기름을 사용해 고온에서 강하게 볶는 요리 역시 원리상 튀김 요리와 비슷하게 산화지방을 만들어 낼 수 있다. 게다가 튀김과 볶음 요리는 고온에서 비타민 등 일부 영양소는 파괴된 상태에서 지방만 과다하게 섭취하기 쉬운 조리법이라는 점도 문제다.

발암물질 만드는 직화·훈제 요리

튀김 요리 다음으로 많은 사람의 입맛을 사로잡는 것이 직화구이다. 숯불에 구운 고기가 얼마나 맛있는지 모르는 사람은 거의 없을 것이다. 하지만 고기를 강한 불에 직접 구워 태우는 과정에서 벤조피렌, 헤테로사이클릭아민HCA과 같은 발암 가능 물질이 생성될 수 있다는 사실을 아는 사람은 많지 않다. 또한 고기에서 떨어진 기름이 불 위에서 타면서 올라오는 연기 속에도 각종 유해 물질이 포함되어 우리 폐를 자극한다.

훈제 요리 역시 훈연 과정에서 다환방향족탄화수소PAHs라는 발암 가능 물질이 생길 수 있고, 저장 과정에서 나트륨 함량이 높아진다는 문제를 안고 있다.

환경호르몬 걱정되는 전자레인지 요리

요즘 전자레인지 조리는 간편해서 인기가 많다. 전자레인지 요리라고 하면 먼저 전자파를 걱정하는 분들이 많은데, 다행히 현재까지의 연구 결과를 보면 음식 자체에 남는 전자파는 건강을 위협할 수준이 아닌 것으로 알려져 있다.

다만 전자레인지로 조리할 때 흔히 사용하는 용기와 포장이 문제다. 플라스틱 용기에 랩을 씌운 채 고온으로 가열하면, 일부 제품의 경우 플라스틱과 비닐 속 화학 물질이 음식으로 용출될 수 있다는 우려가 있다. 이런 물질 가운데 일부는 이른바 '환경호르몬(내분비 교란 물질)'으로 작용할 가능성이 지적되고 있다. 따라서 전자레인지 조리를 할 때는 전용 용기와 랩을 사용하고, 가능하면 유리나 도자기 용기를 활용하는 등 이 부분에 대한 대비가 필요하다.

과한 양념·소스도 문제

우리는 음식을 조리할 때 맛을 내기 위해 간장과 소금, 설탕뿐 아니라 각종 시판 소스를 자주 사용한다. 그러나 이런 소스들에도 과한 지방과 당분이 들어 있는 경우가 많다. 특히 케첩, 바비큐 소스, 시판 드레싱 등은 당분 함량이 매우 높은 편이다. 여기에 다른 가공식품과 마찬가지로 여러 가지 첨가물도 포함되어 있다. 결국 아무리 좋은 재료를 쓰더라도 이런 양념을 과하게 사용하면 나트륨과 당, 첨가물 섭취가 늘어나 고혈압·당뇨·비만 위험에서 자유롭기 어려워진다.

건강한 조리법 없나?

앞에서 건강을 해칠 수 있는 조리법들을 살펴보았다. 이렇게만 놓고 보면 '도대체 무엇을 먹으라는 건가' 하는 생각이 들 수 있다. 그래서 자포자기하고 다시 예전 식습관으로 돌아가 버리는 사람도 많다. 그러나 여기에서 포기할 수는 없다.

예를 들어 볶음 요리의 대안으로 중·약불에 올리브 오일을 소량만 사용하는 방법을 생각해 볼 수 있다. 이렇게 하면 기름 섭취량을 줄이고, 트랜스지방과 산화지방 생성도 최소화할 수 있다.

직화구이 대신 오븐이나 찜 방식을 활용하는 것도 좋은 방법이다. 또 부득이하게 훈제 요리를 먹어야 할 때는 가능하면 채소를 충분히 곁들여 항산화 성분을 보충하는 식으로 균형을 맞추는 것이 바람직하다.

닥터셰프의 건강 양념 사용법

건강 다이어트 요리에서 양념 사용은 매우 중요한 요소를 차지한다. 재료는 저칼로리의 건강한 재료를 선택해 놓고, 지방과 당이 잔뜩 들어간 양념을 사용해 버리면 그간의 모든 노력이 도루묵이 될 수 있기 때문이다.

그래서 '먹고 싶을 때 먹는 요리'에서는 양념 또한 가능한 한 천연 재료에 기반하도록 신경 쓴다. 예를 들어 마요네즈는 서양 요리의 대표적인 소스인데, 기본 성분이 계란 노른자와 식용유라서 거의 기름 덩어리라고 볼 수 있다. 여기에 시판 마요네즈에는 각종 첨가물까지 들어 있다.

필자는 이에 대한 대안으로 보다 건강하게 먹을 수 있는 순두부 마요네즈, 그릭요거트 마요네즈 등을 개발했다. 순두부와 그릭요거트 등이 주재료로 들어가기 때문에 지방과 칼로리 측면에서 훨씬 유리하다. 물론 맛이 가장 중요하지만, 맛 또한 스스로가 자신 있게 보장

할 수 있을 정도로 충분히 만족스럽다.

이 밖에도 '먹고 싶을 때 먹는 요리'에서는 고추, 마늘, 양파, 부추, 생강, 허브 등 기본적인 식물성 재료를 적극 활용하고, 액젓·양조간장 같은 발효 조미료를 사용할 때도 인공 첨가물과 화학조미료 사용을 최소화하며 가능한 한 덜 정제된 제품을 지향한다.

단맛이 꼭 필요한 요리에서는 설탕과 올리고당 사용을 최소화하고, 칼로리가 거의 없으면서 단맛을 내는 천연 기반 당인 알룰로스와 스테비아를 활용한다. 시중에 판매되는 알룰로스는 자연에 존재하는 희소당을 효소 처리 과정을 통해 대량 생산한 당이다. 완전히 자연 상태 그대로의 당은 아니지만, 천연 유래 물질을 기반으로 하기에 다른 인공 감미료와는 차이가 있다. 게다가 알룰로스의 칼로리는 설탕의 20분의 1 수준으로 거의 0에 가깝다.

닥터셰프의 '먹고 싶을 때 먹는 요리'에서는 이처럼 양념 또한 가능한 한 건강한 재료로 만든 양념을 추구하며 요리를 완성해 간다.

닥터셰프의 염증·혈관 잡는 건강 조리법

건강 다이어트 요리에서 양념보다 더 중요한 것은 건강한 조리법이다. 아무리 좋은 재료와 천연 양념을 쓴다 하더라도, 조리 방법이 좋지 않으면 오히려 건강을 해칠 수도 있다.

세상에 맛있는 요리들은 대부분 튀기거나 볶거나 직화로 구운 것들이다. 이런 요리가 특히 맛있는 이유는 고온에서 가열할 때 특유의 고소한 풍미를 내는 마이야르 반응(식재료 속 아미노산과 당이 반응해 갈색으로 변하는 현상)이 잘 일어나기 때문이다. 또 식재료 속 당분이 고온에서 분해되면서 카라멜화가 일어나 단맛과 쌉싸름한 맛이 어우러진 풍미를 만들어 내기도 한다. 특히 기름에 튀긴 음식은 바삭한 식감을 입안에 퍼뜨리는 기름의 성질까지 더해져 더 강한 쾌감을 준다.

하지만 이런 조리법은 조리 과정에서 산화지방뿐 아니라 여러 종류의 발암 가능 물질을 만들어 낼 위험이 높기 때문에 가능하면 피하는 것이 좋다. 그래서 직화구이 대신 오븐이나 찜, 전자레인지 등을 활용한 조리법을 선택한다. 튀김 요리는 거의 하지 않고, 볶음 요리를 할 때도 프라이팬에 식용유를 살짝 바르는 정도로 사용량을 최소화하는 방식을 기본 원칙으로 삼는다.

닥터셰프의 건강 다이어트 요리 재료 사용법

닥터셰프의 '먹고 싶을 때 먹는 요리'가 추구하는 건강 다이어트 요리의 핵심은 세 가지로 정리할 수 있다. 건강한 조리법, 건강 다이어트에 도움이 되는 양념, 그리고 건강 다이어트에 적합한 신선한 재료다.

먼저 건강 다이어트의 적이 되는 백미, 흰 밀가루, 흰 설탕처럼 정제도가 높은 탄수화물 대신 통곡물이나 채소를 베이스로 한 대체 재료를 사용한다. 예를 들어 김밥을 만들 때 칼로리가 높은 밥 대신 잘게 썬 양배추로 식감을 살리고, 두부로 단백질과 부드러움을 더해 밥 없이도 김밥을 만들 수 있도록 구성한 것이 대표적인 예다.

또 흰 쌀밥 대신 콜리플라워나 양배추를 잘게 잘라 기름 없이 볶아 쌀 대용으로 사용하는 방법도 좋은 대안이 될 수 있다.

이 밖에도 가공식품 사용은 최대한 줄이고, 채소와 두부, 생선, 해산물 같은 재료를 활용해 요리를 만든다. 이런 재료들을 사용하면 포만감은 충분히 유지하면서도 열량은 최대한 낮춘 요리를 만들 수 있다.

결국
지속 가능한 식단이
답이다!

단기는 실패, 장기는 성공

건강 다이어트를 시작한다는 것은 곧 자신과의 싸움이 시작되었다는 뜻이다. 아무리 몸에 좋고 살이 빠지는 식단이라 해도, 평소 익숙한 음식을 멀리하고 입맛에 잘 맞지 않는 다른 음식을 일부러 선택해야 하는 일은 큰 고통이다. 여기에 평소보다 먹는 양까지 줄여야 한다면, 이는 곧 계속되는 배고픔과의 싸움이 되어 더 큰 스트레스를 준다.

이런 이유로 음식 조절을 통한 건강 다이어트는 시간이 지날수록 의지력을 갉아먹는다. 처음에는 의지력이 버티기 때문에 성과를 내지만, 시간이 갈수록 점점 지치고 결국 자신과의 싸움에서 패배를 선언하는 경우가 많다. 이것이 건강 다이어트의 전형적인 패턴이다. 단기간 체중 감량은 상대적으로 쉽다. 그러나 그 상태가 유지되지 않는다면 결국 실패라고 할 수밖에 없다. 건강 다이어트는 장기적으로 지속되어야 비로소 진짜 성공이라 할 수 있다.

장기적 성공은 독한 마인드컨트롤이 필요하다

건강 다이어트가 장기적으로 성공했다는 것은 빠진 체중을 건강하게 유지하고 있다는 뜻이다. 이런 일이 가능하려면 건강 다이어트 식단이 내 몸과 완전히 일치한 생활습관으로 굳어져야 한다. 식단이 습관으로 자리 잡는 일은 상당한 결단 없이는 쉽지 않다. 즉, 평소 내가 즐기던 식단이 아님에도 불구하고 그것을 꾸준히 유지한다는 것은 어느 정도 '독한 마음'을 먹어야만 가능한 일이다.

여기서 꼭 명심해야 할 사실이 하나 있다. 예전 내가 좋아하던 식단과 생활습관으로 돌아왔는데도 요요가 전혀 오지 않는 일, 즉 살이 다시 찌지 않는 일은 거의 일어나지 않는다는 점이다.

더 쉽게 지속 가능한 방법은 없을까

그렇다면 살은 빠지면서도 요요 없이 건강을 유지할 수 있는 식단은 존재하지 않을까. 필자는 이 부분에 대해 오랫동안 고민하고 연구했다. 그러던 중 '내가 먹고 싶은 김밥을 먹으면서도, 내가 먹고 싶은 빵과 고기를 먹으면서도 건강 다이어트를 할 수 있다면 그것이야말로 지속 가능한 방법이 되지 않을까'라는 생각에 이르렀다.

먹고 싶을 때 먹으면서도 요요가 없는 이유

먹고 싶은 음식을 먹으면서도 장기적으로 요요가 잘 오지 않는 이유는, 요리의 재료 자체를 열량은 낮으면서도 영양은 풍부한 자연 유래 재료로 구성했기 때문이다.

지속 가능한 건강 다이어트 식단에서 중요한 점은 영양 불균형을 일으키거나 새로운 건강 문제를 만들지 않아야 한다는 것이다. 이를 위해 '먹고 싶을 때 먹는 식단'에서는 정제 탄수화물 사용을 최대한 배제하고, 현미·귀리·고구마 같은 복합 탄수화물을 선택한다. 단백질 역시 지방이 많이 든 붉은 고기보다는 두부, 달걀, 콩, 해산물, 닭가슴살 등을 우선적으로 사용한다. 지방은 사용량을 최소화하면서 올리브유, 아보카도 같은 불포화지방으로 채운다.

또 하나 간과해서는 안 될 점은 혈당을 안정적으로 유지하는 식단이어야 한다는 사실이다. 급격한 혈당 상승(혈당 스파이크)은 인슐린 분비를 과도하게 촉진해 체지방 축적을 쉽게 만들고, 금세 허기를 느끼게 하므로 바람직하지 않다. 이를 막기 위해 매 요리마다 혈당지수가 낮은 재료를 선택하고, 섬유질이 풍부한 채소를 충분히 곁들이며, 단백질이 일정하게 포함된 구성을 추구한다.

마지막으로 가장 중요한 요소가 하나 남아 있다. 바로 '맛'이다. 음식은 맛이 없으면 절대 오래 지속되기 어렵다. 따라서 '먹고 싶을 때 먹는 식단'에서는 맛을 무엇보다 중요하게 여긴다. 건강 김밥, 건강 빵, 건강 고기를 먹는다고 해서 맛이 없다면, 그 식단은 결국 오래가지 못한다. 이 부분을 어떻게 해결했느냐고 묻는다면, 답은 5개 조리사 자격증을 가진 닥터 셰프의 요리 실력이라고 자신 있게 말할 수 있다. 직접 개발하고 수없이 검증한 요리들이기에 독자 여러분께도 자신 있게 권할 수 있다.

　살은 누구나 한 번쯤은 뺄 수 있다. 그러나 그 상태를 건강하게, 지속적으로 유지하는 것은 매우 어렵다. 눈앞의 단기 효과보다 중요한 것은 평생 지킬 수 있는 맛과 영양을 함께 잡은 식단이다.

먹고 싶을 때 먹는 식단

우리는 문득 특정 음식이 떠오를 때가 있다. 이런 현상은 단순한 식욕 때문일 수도 있지만, 경우에 따라서는 우리 몸이 특정 영양소를 요구하고 있기 때문일 수도 있다. 예를 들어 빵·밥·면이 유난히 땡긴다면 혈당이 떨어졌기 때문일 가능성이 있다. 뇌는 빠른 에너지원인 포도당을 선호하기 때문에 혈당이 떨어지면 몸이 탄수화물을 강하게 요구할 수 있다. 고기나 단백질이 강하게 당기는 것은 철분과 아연이 부족한 상태와 관련이 있을 수 있고, 일부 호르몬 변화(예를 들어 테스토스테론 분비)와 연관되기도 한다는 보고가 있다. 새콤한 음식이 땡길 때는 비타민 C가 부족했을 가능성을 의심해 볼 수도 있다.

이처럼 우리 몸은 때때로 자신이 필요로 하는 것을 '당김'이라는 형태로 신호를 보낸다. 따라서 뭔가 먹고 싶은 것이 있을 때 그것을 무조건 억누르기만 하기보다, 건강한 방식으로 적절히 채워 주는 것은 지속 가능한 다이어트에 성공하기 위해 중요한 과정이다. '먹고 싶을 때 먹는 식단'은 바로 이런 몸의 신호를 존중하면서도 건강을 해치지 않도록 도와주는 식단이라고 이해하면 쉽다.

지속 가능한 건강 다이어트 레시피

지속 가능한 건강 다이어트가 성공하려면, 고기가 땡기는 날에는 고기를, 빵이 먹고 싶은 날에는 빵을, 밥이 땡기는 날에는 밥을, 분식이 땡기는 날에는 분식을 어느 정도는 먹어 줄 수 있어야 한다.

고기가 먹고 싶을 때는 실제 고기 못지않게 만족스러운 '온 가족 입맛을 사로잡은 가지볶음' 레시피가 있다. 다이어트 성공 식단 1위 메뉴로 꼽는 '팽이버섯 밑동 스테이크'도 준비되어 있다.

빵이 먹고 싶을 때는 밀가루·설탕 0%이면서도 10분 만에 완성되는 '사과당근빵'이 있다.

당뇨 걱정 없이 폭신하게 즐길 수 있는 '단호박 달걀빵'도 빼놓을 수 없다.

밥이 땡기는 날에는 밥맛을 살리면서도 뱃살을 잡아 주는 '양배추두부 김밥'이 있고, 다이어트 필수 식단으로 준비한 '혈관 씻는 토마토달걀두부 황금볶음밥'도 있다. '이거 먹고 20kg 뺐다'는 후기가 나올 만큼 사랑받는 '콜리플라워 김밥'도 있다.

분식이 당기는 날에는 여름 별미 건강식인 "단백질 폭탄 콩국수"가 있고, 매일 먹어도 질리지 않는다는 '쫀득 바삭 다이어트 군만두'가 기다리고 있다.

'먹고 싶을 때 먹는 식단'에는 이 밖에도 가정식 건강 다이어트용 메인 요리와 반찬 요리가 다양하게 준비되어 있다. 밀가루 없이도 당뇨와 다이어트를 동시에 고려한 '건강 메밀해물파전', 포만감·맛·영양을 모두 잡은 '20kg 순삭 팽이버섯 계란전'이 대표적이다. 한 번 맛보면 절대 못잊는 '기름 없는 볶음김치', 하루가 지나도 절대 불지 않는 '탱글탱글 잡채'도 있다.

이런 '먹고 싶을 때 먹는 식단'으로 매일의 식탁을 채울 수 있다면, 식욕과의 싸움에서 오는 고통을 최대한 줄이면서 요요 없는 지속 가능한 건강 다이어트에 한 걸음 더 가까이 다가갈 수 있을 것이다.

PART 2

먹고 싶을 때 다 먹자!
살 안 찌는 '기적의 요리들'

고기가
땡기는 날엔?

다이어트 중 불쑥 찾아오는 고기의 유혹, 억지로 참는 것만이 능사는 아니다. 지금부터 닥터셰프가 소개하는 '고기보다 더 고기 같은' 건강식이라면, 죄책감 없이 마음껏 즐겨도 좋다. 137만 <지식한상> 구독자가 인정한 바로 그 맛, 이제 당신의 식탁에서 만날 차례다.

영상 보러가기

가지찜

가지찜은 고기가 먹고 싶을 때 대신 먹을 수 있도록 개발한 대체 요리다. 기름에 볶지 않고 찌는 조리법을 선택해 느끼하지 않고 담백하면서도, 고소하고 쫀득한 식감을 즐길 수 있다.

재료

가지 4개

날콩가루 80g

꽈리고추 4개(또는 청양고추)

들기름 2큰술[1]

간장 1큰술

간 마늘 1/2큰술

통깨 1큰술

소금 1꼬집

조리법

1. 가지를 1cm 두께로 동그랗게 썬다.
2. 볼에 담아 소금을 뿌리고 1시간 정도 절인다.
3. 절인 가지의 물기를 가볍게 짜낸 뒤, 날콩가루를 골고루 묻혀 버무린다.
4. 찜기에 가지를 펼쳐 올리고 4분 정도 찐다.
5. 익힌 가지를 꺼내 식힌 다음, 들기름을 먼저 넣어 코팅하듯 부드럽게 버무린다.
6. 준비해 둔 나머지 양념을 모두 넣고 버무린 뒤 접시에 담아낸다.

---

1) 큰술은 밥수저를 뜻하며 1큰술은 부피로 약 15mL에 해당한다. 작은술은 티스푼을 뜻하며 1작은술은 부피로 약 5mL에 해당한다. 1컵은 약 200mL로 종이컵 1개는 180~190mL에 해당한다.

가지의 다이어트 & 건강 효과

가지의 효능은 생각보다 훨씬 뛰어나다. 오죽하면 자연이 준 '보라색 보약'이라고 불릴 정도다. 100g당 열량이 약 25kcal밖에 되지 않으면서 마치 고기처럼 포만감을 주기에 다이어트 재료로도 손색이 없다. 포만감을 주는 이유는 수분이 90% 이상이고 식이섬유가 풍부하기 때문이다. 식이섬유가 풍부하면 장 운동을 도와 변비를 완화하는 데도 도움이 되어 체중 관리에 아주 유리하다.

가지는 진한 보라색을 띠는데, 슈퍼푸드는 대체로 색이 진할수록 좋다. 콜라비, 비트, 블루베리처럼 진한 색을 가진 식재료는 강력한 항산화 작용을 한다. 항산화 작용은 노화 방지와 면역력 강화에 도움이 되고, 항암 효과도 기대할 수 있다. 특히 가지 껍질의 색을 만드는 안토시아닌 가운데 '나스닌'이라는 성분이 있다. 2000년 「Biochimica et Biophysica Acta」에 실린 연구에서는 나스닌이 뇌세포의 지질 산화를 막는 항산화 효과가 있다는 사실이 밝혀졌다. 이 때문에 가지는 강력한 항산화제로 노화를 늦추고 면역 기능을 지키는 데 도움을 준다.

가지의 두 번째 효능은 혈관 기능 개선이다. 앞에서 이야기한 나스닌과 함께 가지에는 풍부한 식이섬유가 들어 있다. 이것이 콜레스테롤 수치를 낮추고 심혈관계를 튼튼하게 만드는 데 기여한다. 가지는 열량은 낮고 식이섬유는 풍부해서 포만감을 주기 때문에 다이어트 재료로 좋고, 혈당 상승 속도를 낮춰 주는 섬유질 덕분에 당뇨 예방에도 도움이 되는 아주 훌륭한 채소다.

한편 가지에는 칼륨이 많이 들어 있어 나트륨 배출을 도와준다. 그래서 혈압 조절과 전반적인 혈관 건강 관리에도 도움이 된다.

가지의 건강 조리법

기름에 튀기거나 볶는 조리법은 건강에 좋지 않다고 널리 알려져 있다. 그래서 가지볶음을 떠올리면 가장 먼저 '기름에 볶아야 하는데 괜찮을까?' 하는 걱정이 앞선다. 실제로 가지는 기름을 매우 잘 흡수하는 성질이 있어 의외로 기름을 많이 먹는 재료 중 하나다.

이런 점을 고려해 기름 사용을 최소화한 가지 조리법으로 개발한 것이 바로 가지찜이다.

가지 요리를 할 때 떠올릴 수 있는 방법은 기름에 튀기거나 볶는 방법, 끓는 물에 데치는 방법 등이다. 그런데 가지는 스펀지 같은 성질이 있어 기름에 볶으면 기름을 잔뜩 흡수해 느끼할 뿐 아니라 열량도 높아져 건강한 다이어트라는 목적과 멀어질 수 있다. 또 높은 온도에서 튀기거나 볶으면 가지가 완전히 흐물흐물해지고 물컹거리며, 표면이 기름으로 코팅돼 양념이 잘 배지 않는 단점도 있다. 무엇보다 기름을 높은 온도로 가열하면 산화지방이 생길 우려가 있다.

데치는 조리법도 단점이 있다. 끓는 물에 데치면 수용성 영양소가 물로 빠져나가 버리기 때문에, 가지에서 얻고 싶은 안토시아닌이나 폴리페놀 같은 항산화 성분을 충분히 섭취하기 어렵다.

반면 가지를 찌면 상대적으로 온도가 낮고 조리 시간이 짧아 영양소 손실이 적다. 기름 없이 찌기 때문에 열량도 줄어들고 재료 본연의 영양 파괴도 덜하다. 무엇보다 수분이 살아 있어 식감이 촉촉하고 담백한 맛이 살아난다. 결이 살아 있어 손으로 찢어 먹기에도 좋고 양념도 잘 밴다. 이처럼 가지를 쪄서 조리하면 장점이 매우 많다. 그래서 이 책에서는 가지를 찌는 방식을 선택했다. 이 조리법을 따라 하면 고기보다 맛있는, 온 가족 입맛을 사로잡는 가지찜 요리를 완성할 수 있다.

고기보다 맛있는, 온 가족 입맛 사로잡는 가지찜 레시피

우리가 고기를 즐겨 먹는 이유는 고소하고 질겅질겅 씹히는 맛 때문이다. 온 가족 입맛을 사로잡는 가지찜은 바로 이 점에 착안해 개발한 요리로, 고소하고 쫀득하면서도 씹히는 맛까지 갖춘 것이 특징이다.

먼저 가지찜에 들어가는 재료는 가지, 날콩가루, 꽈리고추(또는 청양고추), 들기름, 간장, 간 마늘, 통깨, 소금 약간이다. 가지 4개는 모두 소금에 절일 것이기 때문에 너무 얇게 썰면 식감이 사라진다. 따라서 두께 1cm 정도로 썰어 준다.

---

1) 중국 사천 지방의 대표 양념인 어향을 이용한 요리
2) 가지를 얇게 썰어 튀기거나 구운 후, 토미토 소스와 모차렐라, 파르미지아노 레지아노 치즈를 겹겹이 쌓아 오븐에 구운 요리

　　썰어 둔 가지는 물 100cc에 꽃소금 또는 천일염 1큰술을 넣은 소금물에 1시간 정도 절인다. 이때 30분이 지났을 때 한 번 뒤집어 주거나, 15분 간격으로 한 번씩 뒤집어 주어도 좋다. 1시간 정도 절인 가지는 물이 빠져 쭈글쭈글해지는데, 바로 이 과정 덕분에 나중에 식감이 덜 물컹거리고 더 쫄깃해진다. 먹기 직전에 살짝 물기를 짜주면 쫄깃쫄깃한 맛을 한층 더 즐길 수 있다. 가지에서 빠져나온 물에도 영양소가 있어 조금 아쉽기는 하지만, 진짜 좋은 성분은 보라색 껍질에 많이 들어 있으니 맛을 위해 너무 아까워하지 않아도 된다.

　　절인 가지에 날콩가루 80g 정도를 넣고 골고루 묻도록 버무린다. 여기에서 밀가루나 쌀가루, 전분가루 대신 날콩가루를 쓰는 이유는 탄수화물을 줄이면서도 가장 고소하고 진한 풍미를 낼 수 있기 때문이다. 콩가루는 재료들의 점착력을 줄여 코팅하듯 감싸 주기 때문에 덜 뭉치게 하는 장점이 있다. 반대로 쌀가루는 콩가루처럼 고소하고 진하지는 않지만 무침에 점성을 주어 양념을 잘 잡아 주는 효과가 있다. 각자 원하는 용도에 따라 선택하면 되지만, 콩가루에는 단백질과 식이섬유가 많아 건강에 더 도움이 되므로 이 레시피에서는 콩가루를 사용한다.

콩가루를 묻힌 가지는 찜기에 올려 4분 동안 찐다. 이때 면포를 깔아 두면 나중에 꺼낼 때 훨씬 수월하다.

4분간 푹 찐 뒤 뚜껑을 열면 고소한 향이 진동한다. 잘 보면 콩가루가 가지에 잘 붙어 있는 모습을 볼 수 있다. 이렇게 쪄낸 가지를 그대로 꺼내 식혀 두면 된다. 이제 양념만 더하면 가지찜이 완성되는 단계다.

양념을 할 때는 들기름 2큰술을 제일 먼저 넣어 코팅하듯 버무린다. 다른 양념을 먼저 넣고 버무리면 콩가루가 떨어져 나갈 수 있기 때문이다. 그다음 간장과 다진 마늘을 넣고, 잘게 썰어 놓은 꽈리고추를 더한다. 마지막으로 소금으로 간을 맞추고 깨소금을 솔솔 뿌려 가볍게 버무리면, 몸에 좋고 항산화 물질도 듬뿍이고 다이어트·혈압·당뇨·비만 관리에도 도움이 되는 가지찜이 완성된다.

직접 먹어 보면 들기름 향이 고소하게 퍼지면서 정말 맛있다. 가지찜은 소화가 잘 되기 때문에 다이어트 중인 분들, 자극적이지 않은 식탁을 원하시는 분들, 속이 더부룩하고 위장이 약한 분들에게 안성맞춤인 요리다. 또 하루 종일 스마트폰을 보는 직장인들, 혈압이 높거나 심장 건강이 걱정되는 심혈관계 질환자, 그리고 어르신들에게도 가지찜은 적극 추천하고 싶은 메뉴다.

영상 보러가기

팽이버섯 밑동 스테이크

팽이버섯 밑동 스테이크는 고기가 먹고 싶을 때 대신 먹을 수 있도록 개발한 요리다. 기름을 살짝만 바른 프라이팬에 팽이버섯과 당근, 애호박을 올리고, 스테이크 풍미가 나는 양념을 더해 익히기 때문에 고기와 탄수화물 없이도 스테이크와 비슷한 맛과 만족감을 충분히 느낄 수 있다.

재료

팽이버섯 1팩
당근 4조각
애호박 4조각
미림 1큰술
소금 약간
간장 1큰술
스테비아 1큰술
간 마늘 1/2큰술
굴소스 1/2큰술

조리법

1. 팽이버섯 밑동을 3cm 두께로 썬다.
2. 당근과 애호박은 한입 크기로 각각 4조각씩 썬다.
3. 프라이팬에 식용유를 아주 얇게 두른 뒤, 팽이버섯 밑동·당근·애호박을 올려 중불에서 익힌다.
4. 미림, 소금, 간장, 스테비아, 간 마늘, 굴소스를 고루 섞어 양념을 만든다.
5. 재료가 어느 정도 익으면 양념을 프라이팬에 붓고, 재료와 소스가 잘 섞이도록 뒤집어 가며 졸이듯 익힌다.
6. 팽이버섯과 채소가 노릇노릇해지고 양념이 잘 배면 그릇에 담아낸다.

팽이버섯의 다이어트 & 건강 효과

팽이버섯은 내가 당뇨를 극복하는 과정에서 가장 자주, 그리고 가장 많이 활용했던 식재료 중 하나다.

나처럼 당뇨를 조절하기 위해 꾸준히 식단을 관리하는 사람, 건강하게 다이어트를 하고 싶은 사람에게는 "믿고 먹을 수 있는 재료"라고 해도 과언이 아니다. 실제로 나는 팽이버섯을 포함한 식단을 통해 약 20kg의 체중을 감량했다. 조리법만 잘 선택하면 고기처럼 쫄깃한 식감과 씹는 맛을 즐기면서도 부담이 적고, 항암 작용이 있다는 연구 보고도 있어 건강 면에서도 도움을 받을 수 있다.

팽이버섯의 건강·다이어트 효과를 조금 더 구체적으로 살펴보자.

우선 팽이버섯은 열량이 매우 낮으면서도 포만감을 잘 준다. 100g당 약 37kcal에 불과해 칼로리 걱정이 적고, 식이섬유가 풍부해 적은 양을 먹어도 배가 쉽게 부른 느낌을 준다. 이 식이섬유는 장내 유익균의 좋은 먹이가 되어 장 환경을 개선하는 데 도움을 주고, 변비를 예방하며 배변을 원활하게 만들어 뱃살 관리에도 긍정적인 영향을 준다.

연구에 따르면 팽이버섯에 포함된 '에리타데닌'이라는 성분이 혈중 지질(지방) 수치를 낮추는 데 도움을 줄 수 있다는 결과도 보고되어 있다. 팽이버섯에는 키토산과 비슷한 역할을 하는 성분이 들어 있어 지방 흡수를 어느 정도 억제해 체지방 감소에 도움을 줄 가능성이 있다.

또 하나의 장점은 수분이 많고 씹는 시간이 오래 걸린다는 점이다. 오래 씹어야 삼킬 수 있는 식감 덕분에 자연스럽게 식사 시간이 길어지고, 그만큼 포만감도 더 크게 느끼게 된다. 밥이나 면 같은 탄수화물 위주의 음식을 줄이고 그 자리를 팽이버섯으로 채우면 하루 전체 섭취 칼로리를 줄이는 데 상당한 효과를 볼 수 있다.

무엇보다 팽이버섯은 식후 혈당이 급격히 오르는 것을 억제하는 데 도움이 되는 것으로 알려져 있어, 당뇨를 앓고 있는 사람들에게 특히 유익한 재료다. 팽이버섯을 충분히 섭취하면 단 음식이나 정제 탄수화물에 대한 욕구가 줄어들어, 불필요한 간식을 줄이고 식욕 조절에도 도움을 받을 수 있다.

팽이버섯의 건강 조리법

보통 '스테이크'라는 이름을 들으면 자연스럽게 기름이 자글자글한 구이 요리를 떠올리게 된다.

하지만 건강과 다이어트를 생각한다면, 기름을 듬뿍 두르고 지지는 조리법은 아무래도 부담이 된다. 기름에 볶거나 튀기면 맛은 훨씬 좋아지지만, 동시에 산화지방 생성과 높은 열량에 대한 걱정을 피하기 어렵다.

그래서 팽이버섯을 조리할 때는 이러한 단점을 최대한 줄이면서도 맛을 살릴 수 있는 방법을 선택하는 것이 중요하다. 그 해법이 바로 "기름은 최소한만 쓰고, 온도와 시간을 조절하는 조리법"이다. 프라이팬에 기름을 직접 붓는 대신, 소량의 기름을 떨어뜨린 뒤 키친타월로 팬 전체를 고르게 문질러 얇게 코팅해 준다. 그 상태에서 중불이나 약간 높은 불에서 짧은 시간 동안만 조리하면 된다.

이 방법을 사용하면 기름 사용량을 크게 줄여 열량 부담을 덜 수 있고, 고온에서 장시간 조리하면서 생길 수 있는 산화지방 문제도 어느 정도 예방할 수 있다.

버섯은 '굳이 안 씻어도 된다'는 이야기도 있지만, 흙 속에서 자라는 식재료인 만큼 겉에 묻은 먼지나 이물질은 간단히 씻어내는 편이 좋다. 팽이버섯 비닐 포장을 벗긴 뒤, 흐르는 물에 살살 흔들어 씻어 주면 된다. 이 레시피에서는 밑동까지 모두 쓸 예정이기 때문에 밑동 부분도 꼼꼼히 씻어야 한다. 씻은 뒤에는 물기를 최대한 털어내거나 키친타월로 닦아내 재료 준비를 마무리한다.

다이어트 성공 식단 1위
팽이버섯 밑동 스테이크 레시피

이제 본격적으로 팽이버섯 밑동 스테이크를 만들어 보자.

이 요리의 핵심은 평소에는 그냥 잘라 버리기 쉬운 팽이버섯의 '밑동'을 주인공으로 만든다는 점이다.

대부분의 사람들은 팽이버섯을 조리할 때 밑동 부분을 통째로 잘라 음식물 쓰레기로 버린다. 물론 밑동의 가장 아래쪽에는 나무 찌꺼기와 흙이 묻어 있을 수 있기 때문에 그 부분은 깨끗이 잘라내야 한다. 하지만 오염된 부분만 제거하고 남은 밑동을 잘 활용하면, 생각보다 꽤 두툼하고 알찬 재료를 얻을 수 있다. 이 밑동으로 2개 정도의 '스테이크'를 만들 수 있으니, 버려지던 식재료가 훌륭한 메인 요리로 재탄생하는 셈이다.

밑동을 약 3cm 두께로 자르면 한입에 먹기 좋은 크기의 스테이크 두 조각 정도가 나온다. 나머지 윗부분, 즉 가늘게 갈라진 팽이버섯 자루와 갓은 버리지 말고 따로 두었다가 팽이버섯전을 부쳐 먹거나 다른 요리에 활용하면 된다.

여기까지 들으면 "버리는 부분으로 만든 스테이크가 과연 맛있을까?" 하는 의문이 들 수 있다.

하지만 실제로 조리해 보면, 팽이버섯 밑동 스테이크는 식감과 풍미가 생각보다 훨씬 '스테이크답다'. 적당히 단단하면서도 쫄깃한 식감이 고기를 연상시킬 만큼 좋고, 양념이 잘 배면 고기 못지않은 만족감을 준다.

다음으로 곁들임 채소, 즉 양식에서 말하는 '가니시'를 준비한다. 서양식 스테이크에는 흔히 마늘, 아스파라거스 등이 함께 나오지만, 우리 식탁에는 우리 재료가 더 잘 어울린다. 그래서 당근과 애호박을 적당한 두께로 썰어 곁들임 채소로 사용한다. 알록달록한 색감이 접시를 풍성하게 해 주고, 식감도 더해 준다.

이제 프라이팬을 중불로 달군다. 팬이 충분히 달궈지면 식용유를 아주 소량 떨어뜨린 뒤,

키친타월로 프라이팬 전체를 골고루 문질러 기름 막을 얇게 형성한다. 앞서 말했듯 팽이버섯은 스펀지처럼 기름을 잘 흡수하는 재료라, 기름을 많이 두르면 아무리 좋은 재료를 써도 건강 다이어트 측면에서는 손해다. 이렇게 코팅만 해 주는 방식이 기름 사용량을 줄이는 가장 좋은 방법이다.

팬이 준비되면 팽이버섯 밑동을 먼저 올리고, 옆에 당근과 애호박을 함께 넣어 굽기 시작한다.

그 사이 양념 소스를 만든다. 작은 볼에 미림 1큰술, 소금 약간, 간장 1큰술, 스테비아 1큰술, 간 마늘 1/2큰술, 굴소스 1/2큰술을 넣고 잘 섞어 놓는다. 이 양념이 고기 없이도 스테이크 같은 풍미를 내는 핵심이다.

팽이버섯과 채소를 앞뒤로 뒤집어 가며 노릇노릇하게 익힌다. 겉면에 살짝 갈색이 돌고 향이 올라오기 시작하면 준비해 둔 양념 소스를 팬에 붓는다. 그다음 불을 조금 줄이고, 국물이 자작해지도록 졸이듯이 익히면서 재료를 여러 번 뒤집어 준다. 조리하는 동안 팬 바닥에 맛있는 소스 국물이 모이는데, 숟가락으로 떠서 팽이버섯 밑동 위에 끼얹어 주면 양념이 더욱 깊게 배어든다. 당근처럼 단단한 채소는 약간 씹히는 식감이 남아 있어도 괜찮다. 오히려 그 식감 덕분에 고기와 비슷한 씹는 재미가 살아난다.

이 요리에는 고기가 한 점도 들어가지 않고, 밥이나 면 같은 정제 탄수화물도 전혀 사용하지 않는다. 그럼에도 불구하고 스테이크 특유의 짭조름하면서도 고소한 맛, 그리고 쫄깃한 식감을 온전히 느낄 수 있다.

고기가 간절히 땡기는 날, "먹고 싶다"는 마음은 그대로 둔 채 열량과 혈당 걱정만 줄이고 싶을 때, 팽이버섯 밑동 스테이크는 훌륭한 대안이 된다. 배부르게 먹어도 비교적 부담이 적고, 제대로 활용하면 '먹을수록 살이 빠지는 것 같은' 느낌까지 줄 수 있는 똑똑한 다이어트 메뉴다.

영상 보러가기

고등어 구이

고등어 구이는 연기와 냄새 때문에 집에서 시도하기 망설여지는 대표 요리다. 하지만 여기 소개하는 네 가지 팁만 잘 지키면, 기름 튐·연기·비린내 걱정을 줄이면서도 두 배는 더 맛있게 즐길 수 있는 고등어 구이를 집에서도 충분히 만들 수 있다.

재료

생물 고등어 1마리
굵은소금
후추
식용유
레몬 슬라이스 2~3개
그 외 데코레이션용 채소(선택)

조리법

1. 생물 고등어를 손질한다(지느러미·꼬리를 제거하고, 눈에 보이는 큰 가시를 정리한다).
2. 키친타월로 겉과 속의 물기를 최대한 꼼꼼히 제거한다.
3. 굵은소금과 후추를 골고루 뿌려 약 10분간 염장한다 (실온이 걱정되면 랩을 씌워 냉장 보관).
4. 프라이팬에 식용유 2큰술을 두르고 약불을 유지한 채 예열한다.
5. 고등어는 껍질 부분이 아래로 가도록 올리고, 처음 10초 정도는 살짝 눌러 팬 바닥에 평평하게 밀착시킨다.
6. 가장자리까지 고르게 익어 껍질이 노릇하게 변하면 고등어를 한 번만 뒤집는다.
7. 뒤집은 직후 불을 끄고, 잔열로 나머지 면을 익힌 뒤 레몬 슬라이스와 함께 접시에 담아 데코레이션한다.

고등어의 다이어트 & 건강 효과

다이어트를 떠올리면 '고지방 = 나쁨'이라는 공식 때문에 고기류를 먼저 줄이게 된다.

하지만 등푸른 생선, 특히 고등어는 예외에 가깝다. 겉으로 보기엔 지방이 많아 보이지만, 고등어의 지방은 주로 몸에 이로운 불포화지방산, 그중에서도 오메가3 지방산이 대부분이라 체중 감량과 대사 건강에 오히려 도움을 줄 수 있는 생선이다.

고등어는 우선 고단백 식품이다. 충분한 단백질 섭취는 다이어트 중 근육 손실을 막고, 기초대사량을 유지하는 데 중요한 역할을 한다. 게다가 고등어에는 탄수화물이 거의 없어 혈당을 크게 올리지 않기 때문에 당뇨병 환자나 혈당 관리가 필요한 사람에게도 적합하다. 단백질 위주의 식품은 소화에 시간이 오래 걸려 포만감이 오래 지속되고, 같은 양을 먹어도 탄수화물 위주의 식사보다 배고픔이 덜 빨리 찾아오는 장점이 있다.

또 고등어에는 DHA, EPA 등 고품질 오메가3 지방산이 풍부하다. 하버드대 연구를 포함한 여러 연구에서 이들 지방산이 체중 조절과 복부 지방 감소에 긍정적인 영향을 줄 수 있다고 보고된 바 있다. 고등어의 지방은 단순히 "살찌는 지방"이 아니라, 지방 연소와 복부 내장지방 감소에 도움이 될 수 있는 지방인 셈이다.

오메가3는 염증을 줄이고 대사 기능을 개선하며, 콜레스테롤 수치 조절과 혈압 안정, 혈액순환 개선에도 관여하는 것으로 알려져 있다. 즉, 고등어는 다이어트뿐 아니라 심혈관계 건강에도 동시에 도움을 줄 수 있는 매우 효율적인 단백질 식재료다.

고등어의 건강 조리법

고등어 구이는 한국인이 사랑하는 대표 생선 요리지만, 막상 집에서 구워보려 하면 몇 가지 벽에 부딪힌다. 바로 기름이 튀고, 연기가 많이 나고, 비린내가 집안에 오래 남는 것이다. 여기에 기름을 많이 쓰면 산화지방에 대한 걱정도 더해져, 결국 "사 먹는 게 낫겠다"는 결론에 이르기 쉽다.

이 레시피에서는 이러한 단점을 줄이기 위해 연기·냄새·산화지방을 최소화하면서도 맛은 그대로 살리는 조리법을 소개한다. 핵심은 네 가지다.

1. 수분 제거

생선을 기름에 구울 때 연기가 나는 가장 큰 이유는 생선 표면과 살 속에 남아 있는 물기 때문이다. 수분과 기름이 만나면서 기름이 튀고, 이때 발생한 연기가 냄새를 집 안 가득 퍼뜨린다.

따라서 굽기 전에 키친타월로 고등어의 수분을 겉과 속 모두 충분히 닦아내면, 연기와 냄새를 크게 줄일 수 있다. 연기를 줄이는 가장 간단하면서도 효과적인 방법이다.

2. 약불 유지와 산화지방 최소화

고등어를 기름에 구울 때 처음부터 끝까지 약불을 유지하면 산화지방 생성을 줄이는 데 도움이 된다. 산화지방은 기름을 높은 온도로 오래 가열할 때 생기는 물질로, 건강에 악영향을 줄 수 있으므로 가능한 피하는 것이 좋다.

"약불에서 잘 익을까?" 의문이 들 수 있지만, 고등어 같은 생선은 약불에서도 충분히 바삭하고 고소하게 익는다. 겉은 노릇하고 속은 촉촉한 식감을 만들기에는 오히려 약불이 더 유리하다.

3. 껍질부터 굽기

고등어를 구울 때는 항상 껍질 쪽부터 팬에 닿도록 올리는 것이 원칙이다. 살 부분부터 구우면 속에 있던 수분과 육즙이 빠져나오면서 기름과 만나 또다시 기름 튐과 연기를 유발한다.

반대로 껍질부터 굽기 시작하면 껍질이 보호막 역할을 해서 연기와 냄새를 줄이는 데 도움이 되고, 육즙도 상대적으로 덜 빠져나가 살이 퍽퍽해지는 것을 막을 수 있다.

4. 처음 10초, 평평하게 눌러 주기

생선을 굽다 보면 껍질 부분이 팬에서 들리면서 U자 모양으로 휘어지는 경우가 많다. 이렇게 되면 닿는 부분은 타고, 뜬 부분은 덜 익어서 전체적인 익힘 정도가 고르지 않다.

이를 막기 위해, 고등어를 껍질 쪽이 아래로 가도록 올린 직후 약 10초 정도 살짝 눌러 팬 바닥에 평평하게 밀착되도록 해준다. 이렇게만 해도 생선 전체가 고르게 익어 뒤집을 때도 훨씬 수월하다.

이 네 가지를 지키면 연기와 냄새, 기름 튐 문제를 큰 폭으로 줄이면서도 겉은 바삭, 속은 촉촉한 고등어 구이를 완성할 수 있다.

추가로, 생선을 구울 때는 가능하면 한 번만 뒤집는 것이 좋다.

고등어 살은 부드러워 자주 뒤집다 보면 쉽게 부서지고, 그 과정에서 육즙도 함께 빠져나간다. 한 면을 충분히 익힌 뒤, 한 번만 뒤집어 반대쪽을 잔열로 익히는 방식이 가장 맛과 식감을 잘 지키는 방법이다.

<h2 style="text-align:center">연기·기름 튐 없이 2배 맛있게 만드는
고등어 구이 레시피</h2>

이제 본격적으로 연기와 냄새, 기름 튐을 줄이면서도 두 배 맛있게 즐길 수 있는 고등어 구이를 만들어 보자.

여기서 소개하는 네 가지 꿀팁만 정확히 지켜주면, 창문을 활짝 열지 않고도 부담 없이 요리할 수 있다.

재료는 단순하다. 고등어 한 마리, 굵은소금, 후추, 식용유, 그리고 레몬 몇 조각이면 충분하다.

고등어는 가능하면 국산 생물 고등어를 고르는 것이 좋다. 시점이 9월 말에서 12월 사이인 가을·초겨울이라면 국산이 제철이라 지방 함량과 맛 모두 뛰어나다. 고등어는 물이 차가울수록 살이 기름지고 맛있기 때문에, 여름이나 봄철에는 살이 다소 마른 편이다. 이 시기에는 오히려 냉동 유통이 잘 된 노르웨이산 고등어가 선택지로 더 나을 수 있다.

국산과 노르웨이산을 구분하는 간단한 방법도 있다. 고등어 등을 따라 난 줄무늬를 보면, 국산은 무늬가 이어지다 끊기는 부분에 작은 점처럼 보이는 흔적이 있다. 이 점이 있으면 국산, 점 없이 무늬가 이어지다 끊기면 대체로 노르웨이산인 경우가 많다. 다만 노르웨이

산은 먼 거리를 운송해야 하므로 대부분 즉시 냉동 처리된다는 점, 즉 '생물' 상태는 아니라는 특징이 있다.

고등어 손질 순서는 다음과 같다.

먼저 지느러미와 꼬리를 잘라내고, 눈에 띄는 큰 가시와 잡뼈를 제거한다.

그다음 칼집을 내는데, 너무 촘촘하게 넣으면 구울 때 살이 말려 올라가므로 일정 간격으로 적당히 넣어주는 것이 좋다. 칼집을 넣으면 모양도 더 보기 좋고, 속까지 열이 빨리 들어가 골고루 익는 데도 도움이 된다.

여기서 첫 번째 팁이 등장한다.

손질이 끝난 고등어는 키친타월을 사용해 수분을 최대한 제거해야 한다. 껍질과 살 표면은 물론, 칼집 사이에 남아 있는 물기까지 꼼꼼히 눌러 닦아준다. 이 과정이 연기와 냄새를 줄이는 가장 핵심 단계다.

그다음, 염장 고등어가 아니라면 직접 간을 해줘야 한다.

굵은소금을 골고루 뿌리고, 후추도 살짝 더해주면 비린내를 잡는 데 도움이 된다. 후추는 특유의 향으로 생선 특유의 비린 향을 눌러주고 풍미를 더해주기 때문에 가능하면 함께 사용하는 것이 좋다.

소금을 친 뒤에는 최소 10분 정도 그대로 두어야 염분이 고루 스며들고 살도 단단해진다. 부패가 걱정된다면 랩을 씌워 냉장고에 넣어 두면 된다.

이제 본격적으로 굽는 단계다.

불을 켤 때 두 번째 팁을 꼭 기억해야 한다.

고등어를 구울 때는 처음부터 끝까지 약불을 유지하는 것이 좋다. 강불은 연기와 냄새의 가장 큰 원인이기 때문이다. 가스레인지라면 불꽃이 거의 보이지 않을 정도의 약불, 인덕션이라면 10단 기준 3단 정도가 적당하다.

프라이팬에 식용유 2큰술을 두르고 약불에서 가볍게 예열한 뒤, 껍질 쪽이 아래로 가도록 고등어를 올린다. 이때 세 번째 팁, 껍질 쪽부터 굽는 원칙을 반드시 지킨다.

고등어를 팬에 올린 직후, 네 번째 팁이 이어진다.

껍질이 팬 바닥에 평평하게 밀착되도록 10초 정도만 손이나 뒤집개로 살짝 눌러준다. 이렇게 하면 껍질이 양쪽으로 말려 올라가는 것을 방지해, 전체적으로 고르게 익고 뒤집을 때도 살이 쉽게 부서지지 않는다.

구울 때는 가능한 한 생선을 자주 건드리지 않는 것이 좋다.

한 면이 충분히 익을 때까지 기다렸다가, 가장자리까지 노릇하게 익은 것이 보일 때 딱 한 번만 뒤집는다. 이 시점은 대략 약불에서 4~5분 정도 지났을 때가 기준이 된다.

뒤집은 직후에는 불을 끈다.

"불을 끄고 어떻게 익지?" 싶지만, 예열된 팬의 잔열만으로도 고등어의 반대편은 충분히 익는다.

이렇게 하면 겉은 바삭하고 속은 촉촉한 상태를 유지하면서도 탄 부분 없이 고르게 구울 수 있고, 과도한 연기와 냄새도 줄일 수 있다. 필요하다면 이 과정에서 프라이팬 뚜껑을 덮어 익히면 조리 시간도 단축되고 잔 냄새도 더 줄일 수 있다.

다 구워진 고등어는 접시에 담고 레몬 슬라이스를 곁들여 데코레이션한다.

등푸른 생선 특유의 향을 부담스러워 하는 사람은 레몬즙을 가볍게 뿌려 먹으면 훨씬 산뜻하고 깔끔한 맛을 느낄 수 있다.

이렇게 구워낸 고등어는 그야말로 겉은 바삭, 속은 촉촉한 상태로 완성된다.

짜지 않으면서도 고소하고 담백한 풍미, 그리고 오메가3 지방산이 살아 있는 "몸에 좋은 단백질 요리"를 한 접시로 즐길 수 있다.

마지막으로, 냉동 고등어를 더 맛있게 먹는 팁도 하나 덧붙인다.

물 500mL에 미림 100mL(또는 청주)를 넣고, 꽃소금 1큰술을 섞어 간단한 해동용 소금을 만든다. 여기에 냉동 고등어를 약 30분 정도 담가 두면 비린내가 줄고, 속살은 더 촉촉해져 맛과 식감이 훨씬 좋아진다.

이 과정을 거치면 냉동 고등어도 생물 못지않게 부드럽고 고소한 맛으로 즐길 수 있다.

빵이
먹고 싶을 땐?

빵 없는 다이어트는 고문과도 같다. 평생 참을 수 없다면, 건강하게 즐길 방법을 찾는 것이 현명하다. 밀가루와 설탕의 걱정은 쏙 빼고, 빵의 폭신함과 달콤함을 그대로 살린 닥터셰프의 '안심 베이킹'. 내 몸을 아끼면서도 미각을 충족시키는 가장 지혜롭고 맛있는 선택을 시작해 보자.

영상 보러가기

다이어트 사과당근빵

사과당근빵은 밀가루가 전혀 들어가지 않는 빵이다. 당뇨 환자는 물론 다이어트를 하는 사람에게도 부담이 적고, 일반 성인과 아이들까지 간식처럼 맛있게 즐길 수 있다. 재료가 단순하고 만드는 과정도 재미있어 집에서 쉽게 따라 할 수 있는 건강 빵이다.

재료

당근 1개
사과 1/2개
계란 2개
아몬드 1/2컵 (통아몬드 또는 슬라이스 아몬드 모두 가능)

조리법

1. 당근과 사과를 믹서기에 들어갈 수 있도록 적당한 크기로 썰어 준다.
2. 손질한 당근·사과와 계란 2개, 아몬드 1/2컵을 모두 믹서기에 넣는다.
3. 재료가 곱게 갈릴 때까지 충분히 갈아 준다(보통 1분 30초 정도면 충분하다).
4. 전자레인지 사용이 가능한 용기에 기름을 소량 바른 뒤, 키친타월로 한 번 닦아내어 유막만 남긴다. 그다음 갈아 둔 반죽을 용기에 붓는다.
5. 용기 위에 랩을 씌우고 젓가락으로 여러 군데 구멍을 내 준 뒤, 전자레인지에 8~10분 정도 돌린다.
6. 조리가 끝나면 뜨거운 용기를 장갑을 끼고 조심스럽게 꺼낸 뒤, 가장자리를 칼로 한 바퀴 돌려 떼어낸 후 접시에 엎어 담는다.

사과당근빵의 다이어트 & 건강 효과

사과당근빵에 들어가는 재료는 딱 네 가지, 사과·당근·계란·아몬드뿐이다. 버터, 설탕, 마가린, 생크림 같은 재료를 전혀 쓰지 않기 때문에 기본적으로 지방과 당분 부담이 적고, 건강과 다이어트를 함께 신경 쓰는 사람도 비교적 안심하고 먹을 수 있다.

계란을 많이 먹으면 혈압이나 콜레스테롤이 올라간다는 이야기가 흔하지만, 여러 연구와 권위 있는 기관의 권고를 종합하면 대부분의 건강한 성인은 하루 2~3개 정도의 계란 섭취로 큰 문제가 없다고 알려져 있다. 오히려 계란에는 양질의 단백질, 비타민, 루테인, 콜린 등 영양소가 풍부해 눈 건강과 혈당 관리에 긍정적인 역할을 할 수 있다.

이 빵에서 가장 많이 들어가는 재료는 당근이다.

"당근이 눈에 좋다"는 건 이미 국민 상식에 가깝다. 당근에는 비타민 A와 베타카로틴이 풍부하다. 베타카로틴은 강력한 항산화 물질로 면역력을 높이고 세포 손상을 줄여 줄 뿐 아니라, 장기적으로 섭취한 사람들의 당뇨 발병률이 상대적으로 낮았다는 연구 결과도 보고된 바 있다. 눈 건강과 혈당 관리 두 가지 측면에서 모두 의미 있는 재료인 셈이다.

사과가 몸에 좋다는 것도 잘 알려져 있다. 사과는 칼로리가 비교적 낮으면서도 식이섬유가 풍부해 포만감을 오래 유지해 준다. 특히 혈당지수가 낮은 과일에 속해 당이 급격하게 치솟지 않으므로 당뇨 환자나 혈당 관리가 필요한 사람도 적절한 양을 섭취하면 도움이 된다. 사과에 들어 있는 폴리페놀은 일부 연구에서 지방 분해를 촉진하고 내장지방 감소에 도움을 줄 수 있는 성분으로 보고되기도 했다.

아몬드는 좋은 지방과 단백질, 식이섬유, 비타민 E가 풍부한 대표적인 견과류다.

반죽에 아몬드를 넣으면 빵의 식감과 풍미가 살아날 뿐 아니라, 혈당 상승을 완만하게 하고 포만감을 높여 줘 다이어트에 도움이 된다.

이처럼 사과당근빵은 밀가루·버터·설탕 없이도 당근·사과·계란·아몬드만으로 맛과 영양, 포만감까지 모두 잡은 빵이다.

사과당근빵의 건강 조리법

일반적인 빵을 만들 때는 버터, 마가린, 쇼트닝 같은 경화유가 자주 사용된다. 이들 기름에는 트랜스지방이 포함되어 있는 경우가 많아, 과하게 섭취하면 심혈관계 건강과 체중 관리에 모두 부담이 된다.

사과당근빵은 이런 기름 성분을 아예 사용하지 않기 때문에, 지방과 열량 면에서 일반 빵보다 훨씬 부담이 적다.

또 하나 중요한 점은 조리 온도와 방식이다.

빵을 고온의 오븐에서 굽는 과정에서는, 특히 기름 성분이 함께 들어 있을 경우 지방이 변성되면서 몸에 좋지 않은 산화 물질이 생길 수 있다. 사과당근빵은 오븐 대신 전자레인지를 이용해 상대적으로 짧은 시간에 익히기 때문에 이런 부분에서도 부담을 줄였다.

전자레인지 조리라고 하면 '전자파'에 대한 걱정을 떠올리는 사람도 많다. 그러나 전자레인지에서 사용하는 전자파(마이크로파)는 음식을 데우는 데 사용될 뿐 인체에 직접 축적되지 않으며, 조리된 음식 자체에 해로운 방사능이 남지 않는다는 것이 과학계의 일관된 결론이다. 여러 공신력 있는 기관과 연구에서도, 적절한 조건에서 사용하는 전자레인지 조리가 인체에 유해하지 않다는 점이 반복해서 확인되고 있다.

정리하면, 사과당근빵은 트랜스지방과 포화지방 사용을 줄이고, 고온 오븐 대신 전자레인지 조리법을 사용하며, 밀가루와 설탕을 쓰지 않는 레시피이기 때문에, 건강한 다이어트와 혈당 관리에 잘 맞는 빵이라고 할 수 있다.

밀가루·설탕 0%! 10분 완성 사과당근빵 레시피

이제 본격적으로 사과당근빵을 만들어 보자.

필요한 재료는 당근 1개, 사과 1/2개, 계란 2개, 아몬드 1/2컵이다.

이 네 가지 재료를 모두 믹서기로 갈 것이기 때문에, 당근과 사과는 믹서 날이 잘 돌아갈 정도 크기로만 썰어 주면 충분하다. 아몬드는 통아몬드를 사용해도 되고, 슬라이스 아몬드를 사용해도 좋다. 아몬드를 넣는 이유는 빵의 질감과 풍미를 살려 주고 고소한 맛을 더해 주기 위한 것이다.

"하루에 사과 하나면 의사가 필요 없다"는 말이 있을 정도로 사과의 효능은 잘 알려져 있다. 다만 과일은 채소에 비해 당분과 열량이 더 높은 편이기 때문에, 이 레시피에서는 사과를 반 개만 사용하는 대신 당근 비율을 높여 채소 섭취 비중을 늘렸다. 건강 다이어트를 위해서는 과일은 적당히, 채소는 넉넉히 먹는 것이 가장 이상적이기 때문이다.

　　재료 손질이 끝났다면 믹서기에 당근·사과·계란·아몬드를 모두 넣고 완전히 갈아 준다. 재료의 양과 믹서기 성능에 따라 차이는 있지만, 보통 1분 30초 정도 갈면 알갱이가 없는 부드러운 반죽이 완성된다.

　　이제 반죽을 전자레인지에 익힐 차례다.

　　먼저 전자레인지 사용이 가능한 용기를 선택해야 하는데, 여기서 플라스틱 용기는 되도록 피하는 것이 좋다. 고온에서 환경호르몬이 나올 수 있다는 우려 때문이다. 가능하면 유리 용기나 전자레인지 전용 도자기 용기를 사용하는 것이 안전하다.

　　용기 안쪽에는 기름을 소량만 바른다.

　　이 레시피의 기본 원칙은 "기름 최소화"이지만, 완성된 빵이 용기에 달라붙어 모양이 망가지지 않도록 표면에만 아주 얇게 코팅해 주는 정도의 기름은 필요하다. 기름 스프레이를 사용해 가볍게 뿌린 뒤, 키친타월로 한 번 닦아내면 눈에 보이는 기름은 거의 없으면서도 들러붙지 않는 정도만 남길 수 있다. 이 과정이 나중에 빵을 꺼낼 때 모양을 살리는 데 꽤 중요하다.

기름 코팅을 마친 용기에 믹서에서 갈아 둔 반죽을 붓고, 위에 랩을 씌운다.

이때 랩 위에 젓가락이나 꼬치를 이용
해 작은 구멍을 여러 개 뚫어 주어야 한
다. 구멍 없이 전자레인지에 돌리면 내부
압력이 올라가면서 랩이 '펑' 하고 터질 수
있기 때문이다.

이제 준비된 용기를 전자레인지에 넣고
8~10분 정도 돌린다.

조리 시간은 반죽의 양과 전자레인지 출력에 따라 달라질 수 있으므로, 처음에는 8분 정
도 돌린 뒤 상태를 확인하고, 가운데 부분이 덜 익어 있다면 2분 정도 더 조리해 주면 된다.

조리가 끝난 빵은 매우 뜨거우므로, 반드시 오븐 장갑이나 두툼한 행주를 사용해 조심스
럽게 꺼낸다. 용기를 꺼낸 후 가장자리를 칼로 한 번 쓱 돌려 빵과 용기 사이를 떼어주면,
뒤집을 때 더 깔끔하게 떨어진다. 그다음 접시를 위에 올려 거꾸로 뒤집어 빼내면 모양이 예
쁜 사과당근빵이 완성된다.

케이크처럼 보이게 연출하고 싶다면, 위에 블루베리나 딸기, 슬라이스 아몬드 등을 올려
데코레이션해도 좋다. 이 레시피에서는 아몬드 슬라이스를 얹어 고소한 풍미를 더했다.

　완성된 당뇨빵은 김이 모락모락 나는 따끈한 상태에서 한 입 베어 물었을 때 진가가 드러난다.

　먼저 촉촉한 식감이 느껴지고, 씹을수록 당근 향과 사과의 은은한 단맛, 아몬드의 고소함이 어우러진다. 무엇보다도 입안에서 느껴지는 식감과 맛이 '정말 빵을 먹는 느낌'을 충분히 준다는 점이 중요하다.

　빵이 먹고 싶어 빵을 대신하는 음식을 먹었는데도 '빵 같은 만족감'이 없으면, 결국 빵에 대한 욕구가 사라지지 않아 다시 일반 빵을 찾게 되고 다이어트에 실패하기 쉽다.

　반대로 사과당근빵은 빵집에 내놓아도 손색없을 만큼 맛과 질감을 갖춘 레시피다. 실제로 나 역시 이 빵을 식사 대용으로 자주 활용하며 건강한 다이어트에 큰 도움을 받았다.

　밀가루와 설탕 없이도, 빵을 포기하지 않고 즐길 수 있는 방법, 그 해답 중 하나가 바로 이 사과당근빵이다.

영상 보러가기

단호박 달걀빵

단호박 달걀빵은 빵이 먹고 싶을 때 대신 즐기기 위한 요리다. 단호박 고유의 달큰한 맛을 살리면서도 밀가루·설탕·버터 같은 재료는 일절 넣지 않아, 건강 다이어트용 빵으로 부담 없이 즐길 수 있다.

재료

단호박 1개

달걀 4개

아몬드 또는 호두 가루 1컵

(통·슬라이스 모두 가능)

식용유(유리볼에 바를 용도)

조리법

1. 생단호박을 통째로 전자레인지에 넣고 약 8분간 돌려 익힌다.
2. 단호박이 충분히 식으면 먹기 좋은 크기로 자른 뒤, 속의 씨를 숟가락이나 칼로 긁어 제거한다.
3. 껍질째 사용할 단호박을 잘게 썰어 믹서기에 넣는다.
4. 달걀 4개를 함께 넣는다.
5. 아몬드 또는 호두 가루 1컵을 믹서기에 넣는다 (통 견과류를 넣어 갈아도 무방하다).
6. 재료가 걸쭉한 죽 상태가 되도록 충분히 갈아, 미리 기름을 얇게 바른 유리볼에 옮겨 담는다.
7. 유리볼에 랩을 씌우고 젓가락 등으로 여러 군데 구멍을 낸 뒤 전자레인지에 넣어 약 8분간 익힌다.
8. 다 익으면 가장자리를 칼로 한 번 돌려 분리하고 유리볼을 거꾸로 뒤집어 접시에 담는다.

단호박의 다이어트 & 건강 효과

단호박은 단맛이 나서 당뇨 환자에게 부담스러울 수 있지만, 생각보다 걱정을 많이 할 필요는 없다. 100g당 약 66kcal로(백미 100g당 약 130kcal) 열량이 상대적으로 낮고, 탄수화물도 식이섬유와 복합 탄수화물로 이루어져 있어 혈당지수GI도 약 65 정도로 그리 높은 편은 아니다.

즉, 단호박 자체를 적절히 섭취하는 것은 소화·흡수가 서서히 진행되어 혈당이 급격히 치솟지 않게 되고, 포만감도 오랫동안 유지되어 건강 다이어트 식단에 잘 어울리는 재료라고 할 수 있다.

다만 우리나라에서 흔히 먹는 단호박 요리는 '단호박죽'이다. 단호박죽은 설탕이 넉넉히 들어가 매우 달기 때문에, 아무리 재료가 단호박이라도 당을 많이 넣어 끓이면 혈당 스파이크를 크게 일으킬 수밖에 없다. 당뇨가 있거나 혈당을 신경 쓰는 사람에게는 자연스럽게 걱정되는 메뉴가 된다.

그래서 단호박의 장점은 살리고, 설탕과 밀가루 없이도 맛있게 먹을 수 있는 단호박 달걀빵을 개발하게 되었다.

단호박에는 베타카로틴과 비타민 C·E가 풍부해 세포 노화를 늦추고 염증을 줄이는 데 도움을 준다. 비타민 B군과 칼륨도 많이 들어 있어 혈압 조절과 혈관 건강에도 긍정적인 역할을 한다.

단호박 달걀빵을 즐기면, 이런 단호박의 영양을 그대로 빵 형태로 함께 섭취할 수 있다.

단호박 달걀빵의 건강 조리법

단호박을 빵으로 만들어 먹는다고 하면, 대부분 떠올리는 것은 일반적인 제빵 재료다.

보통 빵에는 밀가루, 설탕, 버터, 마가린, 쇼트닝 같은 지방이 들어가는데, 이 재료들은 모두 혈당과 체중 관리에는 좋지 않은 조합이다.

단호박 달걀빵은 이런 점을 보완해 밀가루 대신 단호박, 설탕 대신 단호박과 견과류의 자연스러운 단맛과 풍미, 버터·마가린·쇼트닝 대신 달걀과 견과류의 지방으로 구성했다.

여기서 한 번 더 짚어야 할 포인트는 온도와 조리 방식이다.

기름과 함께 고온의 오븐에서 굽는 과정에서는 지방 성분이 변형되며 산화물질이 생길 우려가 있다. 단호박 달걀빵은 이 문제를 줄이기 위해 기름을 거의 쓰지 않고, 오븐 대신 비교적 짧은 시간 동안 전자레인지에서 익히는 조리법을 선택했다.

전자레인지 조리에 대한 막연한 전자파 걱정이 있을 수 있지만, 조리 과정에서 사용하는 마이크로파는 음식 속 수분을 진동시켜 데우는 역할을 할 뿐, 음식에 방사능을 남기지 않는다. 적절한 사용 조건에서는 안전한 조리법으로 인정받고 있는 방식이다.

정리하면, 단호박 달걀빵은 밀가루·설탕·버터 없이, 단호박·달걀·견과류만으로, 전자레인지를 활용해 상대적으로 부담을 줄인 조리법으로 만든 건강 다이어트용 빵이다.

당뇨 걱정 없이 폭신하게 즐기는 단호박 달걀빵 레시피

이제 실제 만드는 과정을 차근차근 살펴보자.

필요한 재료는 단호박 1개, 달걀 4개, 아몬드 또는 호두 가루 1컵, 그리고 유리볼에 바를 소량의 식용유가 전부다. 일반적인 빵처럼 밀가루·설탕·버터는 들어가지 않고, 오븐도 필요 없다.

먼저 생단호박은 껍질이 단단해 그대로 자르기 어렵다.

따라서 통째로 전자레인지에 약 8분 정도 돌려 단단함을 조금 풀어 준다. 충분히 식힌 후 꺼내서 자르면 훨씬 수월하다.

반으로 갈라 속을 보면 씨가 가득 들어 있는데, 큰 숟가락이나 칼을 사용해 씨 부분만 긁어내면 손질이 끝난다.

여기서 씨를 그냥 버리기 아깝다면, 따로 활용할 수도 있다.

걷어낸 단호박씨는 물에 한 번 깨끗이 씻은 뒤 건조기에 하루 정도 말려두면 훌륭한 '씨 간식'이 된다. 껍질을 까면 속씨가 나오는데, 이것을 볶아서 먹으면 해바라기씨처럼 고소하고 씹는 재미가 있어 간식으로 즐기기 좋다. 단호박씨에는 베타카로틴뿐 아니라 마그네슘, 철분, 비타민 등이 풍부해 '슈퍼푸드'라고 불릴 만한 가치가 있다.

손질한 단호박의 껍질은 굳이 제거하지 않아도 된다.

껍질에도 영양이 풍부하기 때문에, 깨끗이 씻어 잘게 썰어 함께 사용하는 편이 더 이롭다. 이렇게 준비한 단호박을 한입 크기보다 조금 작게 잘라 믹서기에 넣는다.

여기에 달걀 4개와 아몬드 슬라이스 또는 아몬드 가루 1컵을 넣으면 재료 준비는 끝이다. 아몬드는 통째로 넣어 갈아도 되고 슬라이스를 사용해도 무방하며, 필요하다면 캐슈넛이나 호두 등 다른 견과류로 일부를 대체해도 좋다.

정리해 보면 지금까지 들어간 재료는 단호박, 달걀, 견과류 세 가지뿐이다. "이것만 넣고 정말 맛이 날까?" 싶지만, 실제로 만들어 보면 예상보다 훨씬 풍부한 맛이 나는 것을 알 수 있다.

여기서 식용유는 반죽에 넣는 용도가 아니라, 완성된 빵이 유리볼에서 잘 떨어지도록 얇게 바르는 용도로만 사용한다.

이제 믹서기를 돌려 재료를 곱게 갈아 준다. 충분히 갈면 걸쭉하면서도 밝은 노란색의 예쁜 반죽이 완성된다. 이 반죽을 기름을 얇게 바른 유리볼에 옮겨 담고, 위에 랩을 씌운 뒤 젓가락으로 여러 군데 구멍을 내 준다. 그리고 전자레인지에 넣어 약 8분 정도 돌린다.

조리가 끝난 단호박 달걀빵을 꺼낼 때는 반드시 장갑을 끼고 조심해야 한다. 유리볼 가장자리를 칼로 한 번 돌려 붙은 부분을 떼어낸 후, 접시를 덮고 볼을 거꾸로 뒤집으면 단호박 달걀빵이 통째로 예쁘게 나온다.

위에 아몬드 슬라이스나 블루베리 등을 올려 데코레이션하면 보기에도 케이크처럼 근사

한 디저트가 완성된다.

단호박 달걀빵의 맛은 어떨까?

한입 베어 물면 먼저 폭신하고 촉촉한 식감이 느껴지고, 이어 단호박 특유의 단맛과 견과류의 고소함이 입안에 퍼진다. 기대 이상으로 향긋하고 담백해, 일반 케이크 대신 충분히 추천할 만한 맛이다.

앞서 살펴본 사과당근빵과 조리 원리는 거의 비슷하다.

건강 다이어트용 빵이다 보니 밀가루 없이 채소와 견과류, 설탕 대신 자연스러운 단맛, 오븐 대신 전자레인지 조리라는 공통된 원칙을 그대로 따르기 때문이다. 재료만 바꾸면 다른 버전의 건강 빵이 되는 구조다.

당근·사과를 사용하면 사과당근빵, 단호박을 사용하면 단호박 달걀빵이 된다.

사과당근빵은 이 레시피보다 단맛이 조금 덜해 "너무 달지 않은 빵"을 선호하는 사람에게 더 잘 맞을 수 있다. 사과의 단맛조차 부담스럽다면, 당근과 달걀에 견과류만 넣어 만들어도 괜찮다. 이때도 아몬드는 적당량 넣어 주는 것이 풍미와 영양 면에서 좋다.

이렇게 만든 단호박 달걀빵은 설탕도 없고, 버터도 없고, 밀가루도 없고, 오븐도 필요 없고, 뱃살·당뇨·비만 걱정까지 줄이는 데 도움을 주는, 말 그대로 여러 가지 '없음'이 장점이 되는 당뇨빵이다.

당뇨가 있어 빵만 먹으면 속이 불편한 분들, 다이어트 중인데도 빵에 대한 미련을 포기하기 힘든 분들에게, 단호박 달걀빵은 꼭 한 번 권해보고 싶은 레시피다.

영상 보러가기

다이어트 건강 고구마빵

고구마빵은 머랭을 활용해 더 촉촉한 식감을 살리면서, 밀가루·설탕·기름을 일절 사용하지 않는 건강 다이어트 빵이다.

재료

고구마 4개

달걀 3개

우유 100mL

스테비아 2큰술

소금 약간

병아리콩 가루 약간

블루베리 10개 정도

조리법

1. 삶은 고구마 4개의 껍질을 벗긴 뒤 잘게 썬다.
2. 잘게 썬 고구마를 볼에 담아 곱게 으깬다.
3. 달걀 3개를 흰자와 노른자로 분리해, 노른자는 고구마 반죽에 넣어 섞는다.
4. 흰자는 따로 담아 세게 저어 머랭을 만든다.
5. 고구마 반죽에 머랭을 나누어 넣고 부드럽게 섞어 준다.
6. 여기에 스테비아와 우유, 소금을 넣어 골고루 섞는다.
7. 전자레인지용 용기에 기름을 살짝 바른 뒤 반죽을 담아 6분간 돌린다.
8. 조리가 끝나면 꺼내어 용기를 뒤집어 접시에 꺼낸다.
9. 위에 병아리콩 가루를 뿌리고 블루베리를 올려 장식해 마무리한다.

고구마의 다이어트 & 건강 효과

고구마는 밥이나 일반 빵보다 칼로리가 다소 낮고, 단호박과 마찬가지로 단맛이 있음에도 혈당지수GI가 중간 정도(약 44~60)에 해당해 상대적으로 부담을 덜고 먹을 수 있는 식품이다.

특히 고구마에는 불용성·수용성 식이섬유가 함께 들어 있어 장운동을 촉진하고 노폐물 배출을 도와준다. 이로 인해 변비 완화와 뱃살 관리에 효과적인 재료로 꼽힌다.

또 눈 건강에 좋은 베타카로틴과 항산화 작용을 하는 비타민 C도 풍부해, 활성산소로 인한 손상을 줄이고 노화 속도를 늦추는 데 도움을 줄 수 있다. 이런 점을 고려하면 고구마는 포만감·혈당·항산화 측면에서 모두 균형이 잡힌 건강 식재료라고 할 수 있다.

고구마빵의 건강 조리법

고구마빵은 앞에서 살펴본 사과당근빵, 단호박빵과 마찬가지로 밀가루·설탕·버터·쇼트닝 없이 만드는 건강빵이다.

빵은 간편하고 맛있지만, 일반적인 제빵 과정에서는 건강과 다이어트에 불리한 요소가 많이 개입된다. 시중 빵의 성분 표시를 보면 밀가루와 설탕뿐 아니라 쇼트닝, 가공유지, 각종 첨가물이 십여 가지 이상 들어 있는 경우가 흔하다. 이 상태에서 고온의 오븐에 굽게 되면 지방 성분의 산화나 유해 물질 생성에 대한 우려도 생긴다.

반면 이 고구마빵의 기본 재료는 고구마, 달걀, 우유, 소금에 설탕 대신 스테비아를 소량 사용하는 정도다. 스테비아는 칼로리가 거의 없는 천연 감미 성분으로, 설탕을 대체하면서도 혈당과 체중 관리에 비교적 유리한 대체 감미료로 알려져 있다.

조리도구 역시 전자레인지를 사용한다. 전자레인지 조리에서 사용하는 마이크로파는 음식 속 수분을 진동시켜 데우는 방식으로, 적절한 조건에서 사용할 경우 인체에 해롭지 않은 조리법으로 인정되고 있다. 이런 점들을 고려하면 고구마빵은 재료도 단순하고, 조리 방식도 비교적 안전한 건강 다이어트용 빵이라 할 수 있다.

고구마·달걀로 만드는
초간단 건강 고구마빵 레시피

이제 실제 만드는 과정을 조금 더 자세히 살펴보자. 고구마빵에는 고구마, 달걀, 우유, 스테비아, 소금이 들어가고, 마무리 장식으로 병아리콩 가루와 블루베리가 더해진다.

고구마는 전자레인지용 용기에 넣고 약 7분 정도 돌리면 충분히 익는다. 뜨거운 김이 빠지고 손으로 만질 수 있을 정도로 식으면 껍질을 벗겨 준다. 더 부드러운 식감을 위해 속살만 사용하는 것이다. 껍질을 벗긴 고구마는 잘게 썰어 볼에 담고, 감자 으깨는 도구 등을 이용해 곱게 으깨 반죽 상태로 준비해 둔다.

달걀은 노른자와 흰자를 분리한다. 노른자는 미리 으깬 고구마 반죽에 넣어 섞고, 흰자는 머랭을 만드는 데 사용한다. 머랭은 달걀 흰자에 공기를 넣어 거품을 내는 과정으로, 완성되었을 때는 크림처럼 걸쭉하고 탄탄한 상태가 된다.

머랭을 만드는 방법은 볼에 흰자를 담고, 거품기가 없을 경우 고무 주걱이나 손거품기를 이용해 빠른 속도로 계속 저어주는 것이다. 약 10분 정도 힘 있게 저으면 단단한 머랭이 만들어진다. 볼을 거꾸로 뒤집었을 때 흘러내리지 않으면 잘 완성된 상태다.

　머랭 거품은 시간이 지나면 쉽게 가라앉을 수 있으므로, 고구마 반죽과 2~3회에 나누어 섞는 것이 좋다. 이때 머랭에 고구마 반죽을 넣어 섞어도 되고, 고구마 반죽에 머랭을 조금씩 더해 가며 섞어도 된다. 중요한 것은 거품이 최대한 죽지 않도록 아래에서 위로 떠 올리듯이 부드럽게 섞는 것이다.

　반죽이 어느 정도 섞이면 스테비아 2큰술을 넣어 단맛을 더하고, 우유는 약 1/2컵(100mL 정도)을 넣어 농도를 맞춘다. 마지막으로 소금을 약간 넣으면 맛의 균형이 잡힌다.

　이제 완성된 반죽을 기름을 얇게 바른 전자레인지용 용기에 옮겨 담는다. 용기 벽면에 기름을 살짝 바르면, 조리 후 고구마빵이 잘 떨어져 모양을 유지하는 데 도움이 된다.

　전자레인지에 넣고 약 6분간 돌린 뒤, 이쑤시개로 한 번 가운데를 찔러 본다. 이쑤시개에 반죽이 묻어나오지 않으면 충분히 익은 상태다. 만약 반죽이 묻어나온다면 2분 정도 더 돌려 완전히 익혀준다.

　조리가 끝난 용기는 매우 뜨거우므로 반드시 장갑을 끼고 꺼내야 한다. 용기 가장자리를 한 번 돌려가며 떼어낸 뒤, 접시를 덮고 한 번에 뒤집으면 고구마빵이 예쁘게 빠져나온다.

　여기에 데코레이션을 더해 준다. 일반 케이크에 슈가파우더를 뿌리듯, 이 레시피에서는 병아리콩 가루를 살짝 뿌려 풍미를 더한다. 그 위에 블루베리를 군데군데 올려 마무리하면 건강 고구마빵이 완성된다.

　다른 건강빵에 비해 조금 더 공을 들인 이유는, 좀 더 '빵다운 빵'을 만들어 보고 싶었기 때문이다. 고구마는 밥이나 일반 빵보다 칼로리가 낮다고는 해도 절대 열량이 아주 적은 식품은 아니다. 따라서 다이어트 식단에서 무한정 먹기는 어렵지만, 복합 탄수화물에 식이섬유가 풍부해 적정량을 즐기면 분명 건강 다이어트에 도움이 되는 재료다.

완성된 건강 고구마빵의 맛은 어떨까? 한입 먹는 순간 "정말 맛있다"는 말이 절로 나올 정도로 달콤하고 촉촉하다. 스테비아를 넣었지만, 이 정도라면 다음에는 양을 줄이거나 빼도 될 것 같다는 생각이 들 만큼 재료 자체의 맛이 충분하다. 고구마와 머랭 덕분에 부드럽고 폭신한 식감까지 살아 있어, 빵이 먹고 싶을 때 건강하게 대체하기에 좋은 레시피다.

밥이
땡기는 날엔?

한국인은 밥심으로 산다지만, 다이어트 중 마주하는 밥 한 공기는 때로 혈당과 체중이 먼저 떠오르는 두려운 대상이 되곤 한다. 이에 식재료의 구성을 조금만 바꿔 칼로리는 낮추고 영양은 채운, 배부르게 먹어도 마음은 가벼운 '밥 한 끼 레시피'를 준비했다. 이제 하루 한 끼만이라도, 몸과 마음이 편안해지는 밥을 부담 없이 먹어 보자.

영상 보러가기

토마토달걀두부 황금볶음밥

'토마토달걀두부 황금볶음밥'은 볶음밥이 유독 생각나는 날, 부담 없이 즐길 수 있도록 구성한 메뉴다. 쌀 한 톨 쓰지 않지만, 식감과 맛은 진짜 볶음밥처럼 구현해 살찔 걱정은 줄이고 볶음밥의 만족감은 그대로 살린 레시피다.

재료

두부 1모
달걀 4개
토마토 1개
대파 1줄기
식용유
소금
굴소스 1작은술

조리법

1. 두부를 잘 으깬 뒤 키친타월에 올려 물기를 최대한 꽉 짜서 제거한다.
2. 달군 팬에 기름을 두르지 않고 두부를 넣어 수분이 거의 사라질 때까지 볶는다. 여기에 달걀 1개를 풀어 넣고 다시 한 번 볶아 '두부밥'처럼 만든다.
3. 토마토는 1cm 크기로 잘게 깍둑썰기해 준비한다.
4. 대파의 흰 부분을 잘게 썰어 팬에 식용유를 살짝 두르고 볶아 파기름을 낸 뒤, 앞에서 만든 달걀두부밥과 토마토를 넣고 함께 볶는다.
5. 굴소스와 소금으로 간을 맞춘 뒤 접시에 옮겨 담는다.
6. 따로 회오리 모양으로 달걀을 부쳐 볶음밥 위에 올려 마무리한다.

토마토달걀두부 황금볶음밥의 다이어트 & 건강 효과

토마토달걀두부 황금볶음밥은 이름 그대로 단백질이 풍부한 두부와 달걀, '슈퍼푸드' 토마토를 주재료로 사용해 열량은 낮고 포만감은 높은 메뉴다. 밥 대신 두부를 사용해 탄수화물 부담을 줄이면서도 볶음밥 특유의 고소한 맛은 충분히 살렸다.

토마토에 풍부한 라이코펜은 항암 작용과 강력한 항산화 효과를 가진 성분으로, 일상적으로 꼭 섭취해 주면 좋은 영양소다. 두부·달걀·토마토 모두 100g당 열량이 높지 않아, 예를 들어 평소 볶음밥 대신 이 요리를 10일 정도만 실천해도 대략 3,000kcal 안팎의 섭취 열량을 줄일 수 있다.

토마토는 100g당 약 18~20kcal로 칼로리가 매우 낮고, 식이섬유가 풍부해 혈당 상승 속도를 늦추고 포만감을 오래 유지해 준다. 특히 빨간색을 내는 라이코펜은 항암·항산화 작용뿐 아니라 지방 축적을 억제하고 체지방 감소에 도움을 줄 수 있다는 연구 결과도 보고되어 있다.

황금볶음밥의 건강 조리법

볶음밥은 기본적으로 프라이팬에 기름을 두르고 재료와 밥을 함께 볶는 요리이기 때문에, 조리 과정에서 지방과 열량이 쉽게 늘어난다. 이번 레시피의 목표는 '밥 없이 만드는 볶음밥'이다. 두부와 달걀만으로 볶은 밥 같은 식감을 구현하면서, 기름 사용은 최소화하는 것이 핵심이다.

먼저 두부를 곱게 으깨 수분을 최대한 제거한 뒤, 기름을 두르지 않은 팬에서 볶아 준다. 이렇게 하면 작은 밥알 같은 두부 알갱이가 만들어진다. 여기에 달걀을 풀어 넣고 다시 한 번 볶으면, 정말 밥알처럼 오독오독한 식감의 '두부밥'이 완성된다. 이 과정에서 기름을 거의 쓰지 않아, 볶음 요리이면서도 비교적 가벼운 조리법이 된다.

다이어트 필수 식단,
혈관 씻는 토마토달걀두부 볶음밥 레시피

이제 밥 없는 볶음밥, 토마토달걀두부 볶음밥을 실제로 만들어 보자. 토마토와 달걀을 함께 볶는 요리는 중국에서도 대표적인 아침 메뉴로 사랑받는 건강식이다. 여기에 두부를 더해, 밥이 없어도 볶음밥 같은 만족감을 주는 레시피로 발전시킨 것이 바로 이 토마토달걀두부 볶음밥이다.

볶음밥에 쌀밥을 넣어버리면 일반 볶음밥과 다를 바가 없다. 그래서 밥 대신 두부를 사용해 '밥알처럼' 만드는 방법을 고민했다.

먼저 두부를 잘 으깬 뒤 키친타월 위에 올려 물기를 최대한 짜낸다. 이 과정이 두부밥을 만드는 데서 가장 중요한 포인트다. 수분을 얼마나 잘 빼느냐에 따라 결과물이 실제 밥알과 얼마나 비슷해지는지가 결정된다.

수분을 충분히 제거한 두부는 다시 팬에 옮겨 볶으면서 남은 수분을 날린다. 이때 기름을 약간 둘러도 되지만, 건강 다이어트를 위해 기름 없이 볶는 방식을 권한다. 으깬 두부를 중불이나 강불에서 태우지 않게 2~3분 정도 볶으면 연기가 조금 나면서 수분이 거의 사라지고, 몽글몽글한 작은 알갱이가 생긴다. 이때의 모양이 바로 밥알과 가장 흡사하다.

잘 만들어진 두부밥에 달걀 1개를 풀어 넣어 골고루 섞은 뒤, 다시 한 번 팬에 볶아 준다. 이때는 기름을 전혀 쓰지 않으면 달걀이 팬에 달라붙을 수 있으므로, 스프레이 오일을 이용해 아주 소량만 뿌려 볶으면 좋다. 이렇게 하면 알알이 잘 떨어지고 노릇한 황금빛 색을 띠는 '황금 두부밥'이 완성된다.

이제 토마토를 손질한다. 토마토는 1cm 정도 크기로 잘게 깍둑썰기한다. 껍질을 벗기면 식감은 부드러워지지만, 이번 레시피에서는 껍질을 그대로 사용한다. 토마토 껍질에는 과육보다 라이코펜이 약 2.5배 이상 더 많이 들어 있고, 라이코펜은 지용성 성분이기 때문이다. 즉, 껍질을 남긴 채 기름과 함께 조리해야 라이코펜을 더 효율적으로 흡수할 수 있다.

이제 진짜 볶음밥 맛을 내는 단계로 들어간다. 정통 볶음밥의 핵심은 역시 파기름이다. 여기서는 건강을 위해 기름 양을 최소화하되, 파기름만큼은 포기하지 않는다. 팬에 식용유를 살짝 두르고 잘게 썬 대파의 흰 부분을 넣어 볶아 향을 낸 뒤, 앞에서 만들어 둔 두부밥을 넣어 함께 볶는다. 여기에 굴소스 1작은술과 소금을 더해 간을 맞춘다.

　다음으로 준비해 둔 토마토를 넣고 한 번 더 볶는다. 토마토를 기름과 함께 가열하는 과정에서 라이코펜의 체내 이용률이 더 높아진다. 마지막으로 대파의 초록 부분을 송송 썰어 넣어 색감과 향을 살리면 기본 토마토달걀두부 황금볶음밥이 완성된다.

　이 상태로만 먹어도 충분히 맛있지만, 여기서 한 단계 더 업그레이드하는 방법이 있다. 바로 볶음밥 위에 중국집 오므라이스처럼 '회오리 달걀부침'을 덮는 것이다.

　먼저 팬에 기름을 두르고 달걀 3개를 풀어 붓는다. 달걀이 반쯤 익었을 때 젓가락 2개로 한쪽 끝을 잡고 가운데로 모으듯, 한 방향으로 살살 돌려주면 회오리 모양의 달걀부침이 만들어진다. 이때 속은 약간 반숙 상태로 두는 것이 가장 부드럽고 맛있다.

　완성된 회오리 달걀을 토마토달걀두부 황금볶음밥 위에 덮어 올리면, 마치 중국식 오므라이스 같은 '회오리 덮밥'이 된다. 겉으로 보기에는 탄수화물이 든 든든한 한 그릇 요리 같지만, 실제로는 밥 대신 두부와 토마토가 들어 있어 열량은 일반 볶음밥보다 훨씬 낮다.

　맛은 어떨까? 한 입 먹어 보면 "이게 정말 밥이 안 들어갔다고?"라는 말이 절로 나올 정도로 진짜 볶음밥 맛에 가깝다. 여기에 케첩을 살짝 곁들여 눈 감고 먹으면, 오므라이스라고 해도 믿을 만한 수준이다.

'에이, 그냥 진짜 볶음밥 먹고 말지'라고 생각할 수도 있다. 그럼에도 우리가 이런 대체 레시피를 연구하고 만들어 먹는 이유는 더 오래, 더 건강하게 살기 위해서다. 라이코펜은 항산화뿐 아니라 항암 작용에도 관여하는 성분이고, 이런 항산화 영양소는 젊은 여성은 물론 중년 여성, 배 나온 중년 남성에게도 반드시 필요하다. 당뇨 전 단계 진단을 받았다면 더욱 서둘러 관리에 들어가야 한다.

그런 차원에서 토마토달걀두부 황금볶음밥은 칼로리는 낮추고 단백질과 영양소는 높인, 전 국민에게 권할 만한 영양식이다. 글로만 읽고 지나치지 말고, 꼭 한 번 직접 만들어 보길 권한다.

영상 보러가기

밥 없는 양배추두부 김밥

양배추두부 김밥은 밥이 먹고 싶을 때 밥 없이 김밥을 즐길 수 있도록 개발한 요리다. 밥 대신 두부와 달걀을 사용하고, 채소도 가능한 한 기름 없이 볶는 조리법을 선택해 전체 열량을 크게 낮춘 건강 다이어트용 김밥이다.

재료

양배추 1/4통
당근 1개
오이 1개
단무지 1줄
두부 1모
달걀 2개
김 1장

조리법

1. 양배추, 당근, 오이를 곱게 채 썬다.
2. 오이는 소금을 뿌려 살짝 절여 물기를 빼 놓는다.
3. 두부는 키친타월로 감싸 수분을 최대한 제거한 뒤 잘 으깨어 달걀과 섞고, 팬에 부쳐 '두부달걀밥'처럼 만든다.
4. 채 썬 양배추와 당근을 팬에 넣고 기름 없이 볶아 숨을 죽인다.
5. 김을 깔고 두부달걀밥을 먼저 넓게 올린 뒤, 그 위에 양배추, 당근, 절인 오이, 단무지를 차례로 올려 단단하게 만다.

양배추두부 김밥의
다이어트 & 건강 효과

양배추는 오래전부터 서양에서 '5대 장수 식품'으로 꼽힐 만큼, 저칼로리에 식이섬유와 비타민이 풍부한 대표적인 다이어트 식품이다. 식이섬유가 풍부해 포만감을 오래 유지시켜 주기 때문에, 이 점만으로도 혈당 조절에 도움이 된다. 실제로 양배추에는 지방 분해와 해독 작용을 돕는 글루코시놀레이트glucosinolate라는 항산화 성분이 들어 있어 간의 해독 기능을 돕고, 체지방 연소를 촉진하는 데 기여하는 것으로 보고되고 있다.

두부의 열량은 100g당 약 70~80kcal로, 같은 양의 밥에 비해 절반 수준에 불과하다. 이런 양배추와 두부를 주재료로 한 김밥으로 한 끼를 구성하면, 포만감은 유지하면서도 한 끼 열량을 상당히 줄일 수 있다. 특히 밥 대신 두부를 사용하기 때문에 일반 김밥과 비교하면 에너지 섭취량이 확연히 낮은 편이다.

또 양배추두부 김밥에는 당근이 들어간다. 당근은 눈 건강에 좋은 베타카로틴이 풍부할 뿐 아니라, 면역력 강화와 항산화에 도움을 주는 식재료다. 베타카로틴을 일정 기간 섭취한 그룹이 그렇지 않은 그룹보다 당뇨병 발생률이 낮았다는 통계도 보고되어 있어, 당뇨를 관리하는 사람에게 의미 있는 재료라고 할 수 있다.

양배추두부 김밥의 건강 조리법

일반 김밥을 만들 때는 속재료로 들어가는 채소를 기름에 볶는 경우가 많지만, 양배추두부 김밥에서는 양배추와 당근을 기름 없이 볶는 방법을 사용한다. 오이는 따로 볶지 않고 소금에 살짝 절여 아삭한 식감과 깔끔한 맛을 살린다.

밥 대신 들어가는 두부는 달걀과 함께 팬에서 익히게 되는데, 이 과정에서도 기름 사용을 최소화했다. 팬에 스프레이 오일을 얇게 뿌린 뒤 키친타월로 한 번 닦아내, 팬 표면에 기름막만 가볍게 남기는 방식이다. 이렇게 하면 들러붙지 않을 정도의 최소한의 기름만 사용하면서도, 팬 조리에서 우려되는 과도한 지방 섭취와 고온에서 생기는 산화지방 문제를 줄일 수 있다.

밥맛 살리고 뱃살 잡는 밥 없는 양배추두부 김밥 레시피

김밥은 예전에는 소풍 도시락의 대표 메뉴였고, 지금도 한 끼를 간편하게 해결할 수 있는 가장 흔한 메뉴 중 하나다. 외국에서도 김밥은 '건강한 한 끼'로 인기가 많지만, 당뇨나 다이어트를 고려하는 입장에서는 결코 만만한 음식이 아니다.

기본적으로 김밥 한 줄의 열량은 약 400kcal 정도이며, 참치마요 김밥이 되면 약 550kcal까지 올라간다. 이 정도면 열량이 꽤 높은 편이다. 여기에서 줄일 수 있는 부분이 바로 칼로리 대부분을 차지하는 '밥'이다. 게다가 속재료도 대개 기름에 볶기 때문에, 이 부분에서도 조정할 여지가 있다.

이 점에 착안해 밥을 쓰지 않고, 두부와 달걀로 만든 밥 대용 재료를 넣은 양배추두부 김밥을 개발하게 되었다. 말 그대로 '밥 없는 김밥'이다.

주재료는 양배추, 두부, 달걀, 당근, 오이 등이며 여기에 단무지가 더해진다. 사실 김밥에서 단무지 유무에 따라 맛 차이가 크기 때문에, 최소한의 맛 균형을 위해 단무지는 그대로 사용한다.

이제 양배추두부 김밥을 실제로 만들어 보자. 양배추는 보통 한 통 단위로 판매되므로, 대부분 한 통을 사게 된다. 이때 활용 팁이 하나 있다. 동그란 양배추라면 가운데 정사각형 부분을 중심으로 가장자리 부분 네 조각을 잘라낸다. 가장자리 네 조각은 채 썰어 김밥 속재료로 사용하고, 가운데 사각형 부분은 잎이 한 장씩 잘 떨어지기 때문에 찌거나 살짝 데쳐 쌈용으로 활용하기 좋다.

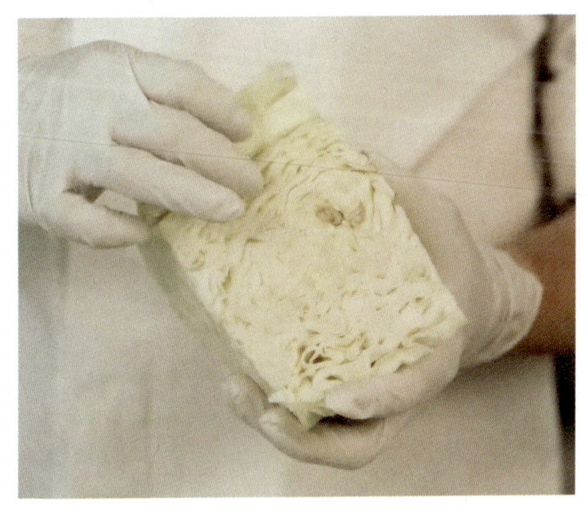

잘라 둔 가장자리 양배추 조각을 채 썰어 통에 담아 두고, 오이는 껍질째 채 썰어 소금을 뿌려 절여 둔다. 오이는 나중에 따로 볶지 않고, 절인 상태 그대로 넣어 사용할 것이다. 마지막으로 당근도 곱게 채 썰어 준비해 둔다.

이제 두부를 손질할 차례다. 두부를 키친타월에 싸서 손으로 꾹 눌러 수분을 최대한 제거한다. 수분이 어느 정도 빠지면, 두부를 도마 위에 놓고 칼로 잘게 으깨 준다. 이때 칼을 이용하면 포크보다 훨씬 수월하게 으깰 수 있다.

  으깬 두부에 달걀 2개를 넣고 골고루 섞는다. 달걀부침용 팬을 사용해 부칠 건데, 기름 사용을 최소화하기 위해 스프레이로 기름을 가볍게 뿌린 뒤 키친타월로 한 번 닦아낸다. 그런 다음 두부달걀 반죽을 팬에 붓고 중불에서 익힌다. 한쪽 면이 약 80% 정도 익었다 싶으면 뒤집어야 하는데, 이때는 팬을 통째로 접시에 엎어 옮긴 뒤, 다시 팬에 살짝 밀어 넣는 방식으로 뒤집으면 비교적 쉽게 할 수 있다.

완성된 두부달걀밥은 자르지 않고 김 위에 통째로 올려 사용할 것이다. 그 사이에 채소 볶음을 준비한다. 앞서 채 썰어 둔 양배추와 당근을 팬에 넣고, 기름을 쓰지 않은 상태에서 중약불로 볶아 숨을 죽인다. 이렇게 하면 기름 없이도 충분히 부드럽고 따뜻하게 만들 수 있다.

이제 김밥을 말 준비가 끝났다. 먼저 김을 놓을 때는 반짝이는 면이 아래로 가게 두고, 위에 먼저 두부달걀밥을 넓게 올린다. 그 위에 볶은 양배추, 절인 오이, 당근, 마지막으로 단무지를 한 줄 올린 뒤, 단단하게 말아준다.

이렇게 해서 양배추, 두부, 오이, 당근이 듬뿍 들어간 밥 없는 양배추두부 김밥이 완성된다. 썰어서 단면을 보면 채소 색감이 잘 어우러져 보기에도 아주 먹음직스럽다. 밥 대신 두부가 들어가 탄수화물 비중이 크게 줄어들어, 일반 김밥과 비교했을 때 열량은 확연히 낮은 편이다.

두부와 달걀의 고소함, 양배추와 오이, 당근의 아삭한 식감이 어우러져 담백하면서도 포만감 있는 한 끼가 된다. 특히 건강 다이어트를 하고 있지만 밥이 너무 먹고 싶은 날, 이처럼 밥 없이 김밥의 형태와 맛을 살린 레시피를 선택하면 김밥을 먹는 만족감은 유지하면서도 뱃살과 혈당을 함께 신경 쓸 수 있는 메뉴가 되어 줄 것이다.

영상 보러가기

밥 없는 콜리플라워 김밥

콜리플라워 김밥은 김밥이 먹고 싶을 때 살찔 걱정 없이 마음껏 먹을 수 있도록 개발한 요리다. 건강 다이어트에 좋은 콜리플라워를 쌀알처럼 만들어 밥 대신 사용하기 때문에 가능한 메뉴다.

재료

콜리플라워 1개
김 5장
당근 1개(큰 것)
오이 1개
계란 4개
흰색 단무지 4줄
게맛살 140g
고추냉이 1작은술
참기름 1/2큰술

조리법

1. 콜리플라워를 먹기 좋은 크기로 썰어 밀가루를 푼 물에 담가 씻는다.
2. 콜리플라워를 깨끗이 헹군 뒤 믹서기에 넣고, 쌀알보다 약간 굵은 정도의 알갱이가 되도록 잠깐씩만 갈아 준다. 그 다음 팬에 볶아 수분을 날려 콜리플라워 밥을 만든다.
3. 당근과 오이를 곱게 채 썰고, 오이는 소금을 뿌려 살짝 절여 둔다.
4. 계란은 지단을 부쳐 돌돌 말아 채 썰어 두고, 게맛살은 결대로 찢어 준비한다.
5. 김을 펼쳐 콜리플라워 밥을 고루 펴 바르고, 계란 지단, 당근, 절인 오이, 흰색 단무지, 게맛살을 차례로 올린 뒤 단단하게 만다.
6. 겉면에 참기름을 살짝 바른 뒤, 먹기 좋은 크기로 썰어 접시에 올린다.

콜리플라워 김밥의 다이어트 & 건강 효과

콜리플라워는 요즘 '슈퍼푸드'로 불릴 만큼 건강식·다이어트 식품으로 인기가 높은 채소다. 100g당 약 25kcal 정도로 칼로리가 매우 낮아 밥을 대신하는 다이어트 식품으로 널리 활용된다.

특히나 비타민 C가 풍부하고, 브로콜리와 마찬가지로 설포라판sulforaphane 성분이 많이 들어 있다. 설포라판은 간 해독 효소를 활성화하고, 유해 물질 배출과 암세포 성장 억제에 도움을 줄 수 있는 물질로 여러 연구에서 보고되고 있다.

또 비타민 K와 엽산도 풍부하다. 비타민 K는 혈액 응고와 뼈 건강 유지에 중요한 영양소이며, 엽산은 세포 재생과 성장에 관여하는 필수 영양소다. 한편 콜리플라워에 들어 있는 글루코시놀레이트, 폴리페놀 등의 항산화 성분은 체내 염증 반응을 줄이는 데 도움을 주는 것으로 알려져 있다.

콜리플라워 김밥의 건강 조리법

콜리플라워 김밥의 조리 과정에서 가장 중요한 부분은 세척이다. 콜리플라워 표면의 꽃술에는 유분이 있어 물만으로는 잘 씻기지 않는다. 이때 밀가루를 푼 물에 담가 씻으면, 밀가루가 일종의 계면활성제 역할을 하여 표면의 유분과 불순물을 효과적으로 제거해 준다.

밀가루 물에 약 10분 정도 담가 두었다가 건져내어 깨끗한 물에 한 번 더 헹구면, 이물질이나 계절에 따라 안쪽으로 들어가 있을 수 있는 작은 벌레까지 깔끔하게 제거할 수 있다. 이렇게 세척한 뒤 사용해야 안심하고 먹을 수 있다.

아무리 먹어도 살 안 찌고 건강에도 좋은
콜리플라워 김밥 레시피

김밥을 정말 좋아하지만, 살이 찔까 봐 늘 걱정될 때가 있다. 그렇다고 매번 부담을 안고 먹을 수는 없는 노릇이다. 그래서 아무리 든든하게 먹어도 살찔 걱정을 최소화한 김밥, 즉

밥 없는 콜리플라워 김밥을 만들게 되었다.

이름이 콜리플라워 김밥인 이유는 주재료로 밥 대신 콜리플라워가 들어가기 때문이다. 여기에 게맛살, 흰색 단무지, 당근, 오이, 계란, 고추냉이, 참기름 등이 더해져 맛과 식감을 살린다.

콜리플라워는 알고 보면 양배추의 일종으로, 흰 꽃송이처럼 생긴 부분을 식용으로 사용하는 채소다. 세척을 위해서는 먼저 덩이를 적당히 잘라 준 뒤 씻어야 한다. 통째로 씻으면 속까지 물이 잘 스며들지 않기 때문이다. 이파리가 붙은 질긴 줄기 부분을 제외하면 웬만한 줄기는 모두 먹을 수 있어, 줄기까지 적당히 썰어 함께 사용해도 좋다.

잘 썬 콜리플라워를 밀가루를 푼 물에 담가 두면, 꽃술 부분에 남아 있는 유분과 불순물이 떨어져 나간다. 앞서 말했듯이, 콜리플라워 표면의 작은 꽃송이에는 유분막이 있어 그냥 물로만 씻으면 물이 튕겨 나가며 잘 씻기지 않는다. 밀가루는 이 유분막을 중화해 주는 역할을 한다. 10분 정도 담가 두었다가 건져 맑은 물에

다시 한 번 헹구면 이물질이 거의 제거된다.

　이렇게 뽀송뽀송하게 씻은 콜리플라워를 믹서기에 넣고 간다. 이때 완전히 가루처럼 곱게 갈지 말고, 잠깐씩만 눌러 주는 '펄스 방식'으로 갈아야 쌀알 비슷한 식감을 살릴 수 있다. 콜리플라워 조각이 쌀알보다 조금 큰 알갱이 정도가 되었을 때 멈추고, 팬에 넣어 중불에서 볶아 수분을 날린다.

　수분이 충분히 빠지면 콜리플라워 알갱이가 고슬고슬해지는데, 이때 식감이 정말 신기하게도 밥과 비슷해진다. 이렇게 해서 콜리플라워 밥이 완성된다. 사실 이 상태로도 밥 대신 그냥 먹거나, 국에 말아 먹어도 좋다. 여기에 계란 2개를 풀어 거의 기름을 쓰지 않고 함께 볶으면 '콜리플라워 계란볶음밥'이 되는데, 실제로 해 보면 상당히 맛있다. 오늘은 이 콜리플라워 밥으로 김밥을 말 것이다.

　다음으로 계란은 얇게 부쳐 지단을 만든 뒤 돌돌 말아 채 썬다. 오이는 채 썰어 소금을 뿌려 살짝 절여 두고, 당근 역시 채 썰어 기름을 아주 조금만 넣고 볶아 준다. 당근은 기름과 함께 조리했을 때 베타카로틴 흡수율이 높아져 영양 면에서 더 좋다. 게맛살은 결대로 손으로 찢어 준비하고, 절여 둔 오이는 물기를 꼭 짜 준다.

　이제 김밥을 말 차례다. 김 한 장을 도마 위에 올려 놓고, 그 위에 반으로 자른 김을 사선으로 한 겹 더 얹어 주면 나중에 말 때 옆구리가 터지는 것을 조금 막아 줄 수 있다. 콜리플라워는 전분이 아니라서 일반 밥처럼 서로 달라붙지 않기 때문에, 그냥 밥으로 말 때보다 김밥이 조금 더 잘 풀리기 쉽다. 그래서 이런 작은 장치들이 필요하다.

　김 위에 콜리플라워 밥을 골고루 펴 바르고, 그 위에 계란 지단, 볶은 당근, 절인 오이, 흰색 단무지, 게맛살을 차례로 얹는다. 재료를 듬뿍 올린 뒤 말 때는, 밥이 아니기 때문에 속재료가 쏟아져 나오지 않도록 전체 재료를 안쪽으로 모아 눌러 주면서 단단하게 마는 것이 중요하다. 마지막에 김의 끝부분에는 물을 살짝 발라 마무리하면 김이 잘 붙어 모양이 흐트러지지 않는다.

완성된 김밥 겉면에는 참기름을 살짝 발라 윤기를 더해 주고, 칼에도 참기름을 살짝 묻혀 썰면 윤활 효과 덕분에 깔끔하게 잘 잘린다. 이렇게 해서 드디어 밥 없는 콜리플라워 김밥이 완성되었다.

과연 맛은 어떨까? 큰 김밥은 한입에 먹어야 제맛이라는 말처럼, 한 조각을 크게 베어 물면 먼저 오이 향이 산뜻하게 퍼지고, 곧이어 계란, 콜리플라워, 당근, 게맛살 향이 어우러져 올라온다. 무엇보다 든든하게 먹어도 살찔 걱정을 크게 덜 수 있다는 사실이 주는 심리적 만족감이 크다.

김밥을 좋아하지만 열량이 늘 부담스러운 사람, 밥을 줄이고 싶지만 김밥 욕구를 포기하기 힘든 사람이라면 콜리플라워 김밥을 꼭 한 번 해 먹어 보길 바란다. 건강 다이어트를 이어가는 데 큰 도움이 될 것이다.

영상 보러가기

팽이버섯 순두부밥

팽이버섯 순두부밥은 밥이 먹고 싶을 때 밥을 대신해 즐길 수 있도록 개발한 요리다. 팽이버섯의 잘근잘근 씹히는 식감이 밥 역할을 해 주어, 마치 밥을 순두부에 말아 먹는 듯한 느낌을 그대로 살려 준다.

재료

순두부 1팩

팽이버섯 1움큼

달걀 3개

대파 1줄

참기름 1큰술

간장 2큰술

굴소스 1큰술

다진 마늘 1큰술

알룰로스 1큰술

소금 1꼬집

조리법

1. 순두부를 반으로 잘라 접시에 꺼내 두고, 간수가 빠지도록 잠시 둔다.

2. 팽이버섯은 밑동을 제거하고 2~3cm 길이로 썰고, 대파는 흰 부분과 파란 부분을 나누어 송송 썬다.

3. 팬에 기름을 아주 조금 두르고 중불로 달군 뒤, 대파의 흰 부분을 넣어 파기름을 낸다.

4. 파 향이 올라오면 팽이버섯을 넣고 30초 정도 숨만 죽을 정도로 재빨리 볶는다.

5. 팬 한가운데에 자리를 만들어 순두부를 넣고, 미리 풀어 둔 달걀물을 가장자리에 둘러 붓는다.

6. 달걀이 가장자리부터 몽글몽글 익기 시작하면 순두부를 먹기 좋은 크기로 잘라가며 살살 섞어 준다.

7. 소스 재료를 섞어 양념장을 만든 뒤, 불을 끄고 팬 가장자리부터 양념장을 둘러 붓고 대파의 파란 부분을 넣어 가볍게 섞는다.

8. 마지막으로 참기름을 한 바퀴 두른 뒤 가볍게 섞어 그릇에 담아낸다.

팽이버섯의 장점은 앞에서도 한 번 살펴보았지만, 값이 저렴하고 구하기 쉬운 것에 비해 효능이 꽤 뛰어난 식재료다.

첫째, 팽이버섯에는 베타글루칸이라는 성분이 들어 있어 면역력 강화에 도움을 준다.

둘째, 렉틴Enoki mushroom lectin이라는 특유의 단백질 성분이 함유되어 있는데, 암세포 성장을 억제할 수 있다는 연구 결과들이 보고되고 있다.

셋째, 식이섬유가 풍부해 나쁜 콜레스테롤을 줄이고 좋은 콜레스테롤을 늘리는 데 도움을 줌으로써 혈중 지질 관리에 유익하며, 포만감을 오래 유지시켜 다이어트와 당뇨 관리에도 좋다.

마지막으로 아미노산과 각종 비타민이 풍부해 피로 회복에도 도움이 된다.

한편 팽이버섯을 날로 먹어도 괜찮다는 말이 있지만, 미국 등 일부 국가에서는 팽이버섯을 생으로 섭취하는 것을 법으로 금지한 곳도 있다. 실제로 외국에서는 팽이버섯을 날로 먹었다가 사망한 사례도 보고된 바 있어 주의가 필요하다. 우리나라에서는 그런 사례가 없지만, 안전하게 먹으려면 팽이버섯을 샐러드에 그냥 넣기보다는 최소한 살짝 데치거나 볶아서 익혀 먹는 것이 좋다.

팽이버섯 순두부밥은 밥이 전혀 들어가지 않고, 순두부·달걀·팽이버섯만으로 조리하는 메뉴다. 저칼로리이면서도 단백질과 식이섬유, 비타민을 동시에 챙길 수 있는 저칼로리·고영양 한 끼 식사라고 할 수 있다.

팽이버섯 순두부밥의 건강 조리법

팽이버섯 순두부밥 조리 과정의 핵심 포인트는 파기름을 최소한의 기름으로, 짧은 시간 동안 내는 것이다. 파기름을 내야 순두부밥 특유의 고소한 풍미가 살아나지만, 일반 순두부찌개처럼 기름을 듬뿍 넣고 야채와 고기를 오래 볶으면 산화지방과 열량이 동시에 문제된다.

그래서 이 레시피에서는 기름을 아주 조금만 두른 뒤, 중불에서 짧게 파기름을 내는 방식을 사용한다. 파가 자글자글 끓으면서 투명해지는 순간이 파기름이 가장 잘 우러난 시점이다. 이때를 지나 과하게 볶게 되면 파가 갈색으로 타면서 쓴맛이 올라오고, 기름도 산화되기 쉽다.

기름 사용량을 줄이고 조리 시간을 짧게 가져가면, 산화지방 생성 위험을 줄이고 전체 열량도 함께 낮출 수 있다.

<h1 style="text-align:center">살 빠지고 속 든든한
밥 없는 팽이버섯 순두부밥 레시피</h1>

팽이버섯 순두부밥의 주재료는 순두부 1팩, 달걀 3개, 대파 1줄, 밑동을 제거한 팽이버섯 한 움큼이다. 대파는 흰 부분과 초록 부분을 나누어 준비하는데, 흰 부분은 파기름을 낼 때 쓰고 초록 부분은 마지막에 색과 향을 더할 때 사용한다. 양념은 간장 2큰술, 굴소스 1큰술, 물 1큰술, 알룰로스 1큰술, 다진 마늘 1큰술을 섞어 만든 양념장을 쓰고, 참기름 1큰술은 소스에 바로 섞지 않고 마지막에 향을 더하는 용도로만 사용한다.

먼저 순두부를 반으로 갈라 포장에서 꺼내 한쪽에 두고, 안에 남아 있는 간수가 자연스럽게 빠지도록 잠시 놓아 둔다. 이렇게 하면 특유의 비린 맛이 줄고, 순두부 특유의 부드러운 맛이 더 잘 살아난다. 그다음 팽이버섯은 2cm 정도 길이로 썰어 가닥을 풀어 두고, 대파는 흰 부분과 초록 부분을 나누어 잘게 썬다. 흰 부분은 기름에 볶아 향을 내는 용도이고, 초록 부분은 마무리 단계에서 넣어 색감과 향을 살리는 역할을 한다.

달걀 3개는 볼에 깨뜨려 넣고 소금 1꼬집을 넣어 미리 밑간해 둔다. 어차피 나중에 양념장이 들어가지만, 달걀 자체에 간이 전혀 되어 있지 않으면 완성 후 전체 맛이 어딘가 밋밋하고 어색하게 느껴질 수 있다. 달걀물이 고르게 섞이면 한쪽에 잠시 두고, 작은 볼에 간장 2큰술, 굴소스 1큰술, 물 1큰술, 알룰로스 1큰술, 다진 마늘 1큰술을 넣어 골고루 저어 양념장을 만든다. 참기름 1큰술은 여기 섞지 않고, 완성 직전에 따로 둘러 줄 양념으로 남겨 둔다.

이제 팬을 중불로 달군 뒤 기름을 아주 소량만 두르고 대파의 흰 부분을 넣어 파기름을 낸다. 파가 자글자글 끓으며 투명해질 때 향이 가장 좋다. 이때까지 볶아 향을 충분히 끌어 올리되, 파가 갈색으로 변하며 타지 않도록 불 세기를 계속 조절해 주는 것이 중요하다. 파기름의 향이 올라오면 썰어 둔 팽이버섯을 넣고 30초 이내의 짧은 시간 동안만 볶아 살짝 숨만 죽인다. 너무 오래 볶으면 수분이 빠져 질겨지고, 팽이버섯 특유의 식감이 떨어질 수 있기 때문이다.

팬 가운데에 공간을 만들어 순두부를 통째로 조심스럽게 올리고, 순두부에서 추가로 빠져 나온 물이 있으면 가능한 한 버려 준다. 그런 다음 팬 가장자리부터 미리 풀어 둔 달걀 물을 둥글게 둘러 붓는다. 건드리지 않고 잠시 두면 팬 가장자리부터 달걀이 몽글몽글하게 익기 시작한다. 이때 순두부를 숟가락이나 주걱으로 먹기 좋은 크기로 잘라 주면서, 전체 재료를 세게 뒤집지 말고 살살 섞어 준다. 순두부와 달걀의 몽글몽글한 식감을 살리는 것이 이 요리의 핵심이므로, 크게 휘저어 부수지 않도록 손을 가볍게 쓰는 것이 좋다.

달걀이 너무 반숙도 아니고 과하게 익지 않은 정도로 적당히 익었다 싶을 때, 대파의 초록 부분을 넣어 가볍게 한 번 더 섞어 색과 향을 더한다. 불을 끈 뒤에는 팬 가장자리부터 미리 만들어 둔 양념장을 골고루 돌려가며 뿌린다. 가운데 순두부와 달걀의 노란색이 그대로 살아 있도록, 중앙보다는 가장자리 위주로 양념을 둘러 주면 나중에 비벼 먹을 때 색감도 예쁘고 간 맞추기도 좋다.

마지막으로 참기름을 한 바퀴 가볍게 둘러 고소한 향을 더해 주면, 밥을 따로 두지 않아도 한 그릇 식사처럼 든든하게 즐길 수 있는 팽이버섯 순두부밥이 완성된다. 따로 그릇에 담아 숟가락으로 가볍게 비벼 먹으면, 밥 없이도 포만감과 만족감이 충분한 '밥 없는 밥 한 그릇'을 경험할 수 있다.

　팽이버섯, 순두부, 달걀 모두 열량이 높지 않은 재료이기 때문에 다이어트 식단으로 매우 적합하다. 밥이 전혀 들어가지 않았는데도, 한 숟갈 떠서 먹어 보면 진짜 '밥을 말아 먹는 듯한' 포만감과 만족감을 느낄 수 있다.

　나는 원래 음식의 열량을 계산할 때 단백질에서 오는 열량은 크게 신경 쓰지 않는 편이다. 단백질은 우리 몸을 구성하는 주된 재료라, 같은 열량이라도 지방·당분과는 다르게 받아들인다.

　양념장을 가장자리에만 뿌리라고 한 이유도 있다. 간장 2큰술과 굴소스 1큰술이 들어가기 때문에, 사람에 따라서는 조금 짜게 느껴질 수 있다. 그래서 전체에 한꺼번에 섞기보다는 가장자리 위주로 뿌려 먹으면서, 입맛에 맞게 양을 조절하라는 의미가 담겨 있다.

　이렇게 만들어 먹는 팽이버섯 순두부밥은, 말 그대로 먹으면서 살이 쭉쭉 빠지는 한 끼를 지향하는 요리다. 이 요리를 통해 건강도 지키고, 다이어트도 끝까지 성공하기를 바란다.

분식&떡이
먹고 싶을 땐?

가볍게 한 끼 때우려다 뱃살만 늘리는 분식은 잊어라. '분식 = 탄수화물 폭탄'이라는 공식을 철저히 깨부순 밀과 쌀을 사용하지 않은 떡과 바삭바삭 군만두까지, 맛은 그대로 즐기면서 혈당과 체중까지 잡는 세상에서 가장 착한 분식 파티에 당신을 초대한다.

영상 보러가기

다이어트 군만두 &알배추 샐러드

다이어트 군만두는 갑자기 분식이 먹고 싶을 때를 대비해 개발한 요리다. 만두 속에 알배추 샐러드가 듬뿍 들어가 살찔 걱정 없이 건강하게 즐길 수 있도록 만들었다.

재료

알배추 1개
당근 1개
라이스페이퍼 5장
달걀 1개
간 마늘 1큰술
식초 1큰술
올리브유 3큰술
겨자 1/2큰술
알룰로스 2큰술
고춧가루 1큰술
소금·후추 약간
굴소스 약간

조리법

1. 알배추와 당근을 채 썰어 소금을 넣고 버무린 뒤 절여 둔다.
2. 절여진 알배추와 당근에서 물기를 완전히 짜낸 뒤 준비한 양념 재료를 넣어 샐러드를 만든다.
3. 완성된 알배추 샐러드는 용기에 담아 냉장고에 넣고 반나절 정도 두면 충분히 맛이 밴 상태로 먹을 수 있다.
4. 알배추 샐러드에 달걀을 풀어 넣고 팬에 볶는다. 이때 굴소스를 약간 넣어 감칠맛을 더한다.
5. 라이스페이퍼를 물에 적셔 펼친 뒤 알배추 소를 올려 단단히 말아 만두 모양을 만든다.
6. 팬에 기름을 아주 얇게 두르거나 스프레이로 뿌린 뒤, 중약불에서 앞뒤로 노릇하게 구워 접시에 옮겨 담는다.

알배추의 다이어트 & 건강 효과

나는 안과 전문의다. 가족력으로 인해 30대 중반부터 당뇨를 앓아 왔고, 이제는 당뇨와 함께 살아온 시간이 20년이 훌쩍 넘었다. 한때는 체중이 많이 늘었던 적도 있었는데, 그때 직접 연구하고 개발한 음식들과 다양한 다이어트 방법을 실천해 20kg 감량에 성공했고 지금까지 체중을 유지하고 있다. 그 노하우 중 하나가 바로 오늘 소개하는, 알배추를 이용한 요리다.

다이어트 군만두에 들어가는 핵심 속 재료는 알배추다. 알배추는 한국인이 가장 쉽고 편하게 즐겨 먹는 채소 중 하나다. 초저칼로리 식품이라 양껏 먹어도 열량 부담이 거의 없어 다이어트 식단에 제격이다. 또 불용성 식이섬유가 풍부해 장운동을 활발하게 만들어 소화를 돕고, 배변 활동을 촉진하며 포만감을 오래 유지시켜 식욕 조절에 도움을 준다.

알배추에는 강력한 항산화 물질로 알려진 비타민 C가 풍부하고, 특히 설포라판이 들어 있어 암 예방에 도움을 줄 수 있는 것으로 알려져 있다. 또한 칼륨 함량이 높고 식이섬유가 혈중 콜레스테롤을 낮춰 주어 심혈관질환 예방에도 유익하다. 여기에 항암 및 간 해독 작용에 관여하는 것으로 알려진 글루코시놀레이트 성분까지 포함되어 있어, 알배추는 건강 다이어트에 최적화된 식재료라고 할 수 있다.

다이어트 군만두의 건강 조리법

알배추는 일반 배추보다 크기가 작고, 일반 배추가 속까지 단단하게 뭉쳐 있는 반면 알배추는 잎이 조금 성글게 퍼져 있는 것이 특징이다. 색도 일반 배추보다 더 노르스름하며, 특히 겨울에 자란 알배추는 맛이 훨씬 달고 수분 함량도 높다. 잎이 연하고 부드러워 생으로 먹기에도 좋기 때문에, 알배추는 가능한 한 생으로 섭취하는 것이 건강 다이어트에 가장 유리하다. 이런 장점을 살려 만든 것이 바로 알배추 샐러드다.

문제는 이 알배추 샐러드를 이용해 군만두를 만들려면, 만두피를 쓰고 기름에 부치는 과정에서 건강에 대한 걱정을 피하기 어렵다는 점이다. 일반적인 만두피는 밀가루로 만들고, 군만두는 기름에 튀기듯 부쳐야 하기 때문이다. 이를 보완하기 위해 이 레시피에서는 만두피를 밀가루 대신 쌀로 만든 라이스페이퍼로 대체하고, 굽는 과정에서도 팬에 기름을 깊게 두르지 않고 스프레이로 가볍게 분사한 뒤 중약불에서 천천히 구워 산화지방과 불필요한 열량 증가를 최대한 줄이도록 했다.

매일 먹어도 질리지 않는
쫀득바삭한 다이어트 군만두 레시피

다이어트 군만두의 핵심은 속으로 사용하는 알배추 샐러드다. 그래서 먼저 알배추 샐러드 만드는 법부터 살펴보자.

알배추 샐러드를 위한 재료는 다음과 같다.

알배추 1통, 당근 1개, 간 마늘 1큰술, 식초 또는 레몬즙 1큰술, 올리브유 3큰술, 겨자 1/2큰술, 알룰로스(또는 설탕) 2큰술, 고춧가루 1큰술, 소금과 후추 약간. 소금은 천일염을 사용한다.

알배추는 겉잎 한두 장을 떼어 내고 물에 담가 씻은 뒤 다듬는다. 머리 부분을 잘라낸 뒤 잎을 한 장씩 떼어내면 채 썰기가 훨씬 쉬워진다. 떼어낸 배추 잎 몇 장을 포개어 폭 5mm 정도 되게 채 썰어 큰 볼에 담는다. 알배추만 넣으면 식감과 색감이 다소 심심하니, 베타카로틴이 풍부한 당근도 함께 채 썰어 넣어 준다. 이때 채칼을 이용하면 작업이 훨씬 수월해진다.

채 썬 알배추와 당근을 볼에 넣고 천일염을 뿌려 고루 버무린 다음, 20분 정도 절여 둔다. 시간이 지나면 채소의 숨이 죽고 볼 바닥에 물이 고여 있는 것을 볼 수 있다. 이때 야채

짤순이를 이용하면 수분을 효율적으로 짜낼 수 있다. 물기를 충분히 제거해 줘야 나중에 샐러드가 질척해지지 않는다.

이제 양념을 더해 샐러드를 완성할 차례다.

먼저 고춧가루 1큰술을 넣어 색을 내고 버무린다. 무채를 만들 때와 마찬가지로 고춧가루를 먼저 넣어 버무려야 색이 고루 배어 예쁜 붉은빛이 난다.

색이 예쁘게 돌기 시작하면 식초 1큰술(또는 레몬즙 1큰술), 간 마늘 1큰술, 알룰로스 2큰술(또는 올리고당·설탕), 겨자 1/2큰술, 후추 약간을 넣고 다시 한 번 골고루 섞어 준다.

이때 간을 보아 짠맛이 충분하면 소금을 따로 더하지 않아도 된다. 마지막으로 올리브유 3큰술을 넣고 버무리면 알배추 샐러드 완성이다. 알배추에는 이상하게도 참기름보다 올리브유가 더 잘 어울려, 향긋하고 산뜻한 맛을 내준다.

완성된 알배추 샐러드는 바로 먹을 수도 있지만, 병에 담아 냉장고에 넣어 두었다가 반나절 정도 지나면 양념과 간이 속까지 잘 스며든 상태로 더욱 맛있게 즐길 수 있다. 알배추 샐러드는 이 자체로도 훌륭한 반찬이 되고, 김밥을 만들 때 단무지나 야채 대용으로 넣어도 좋으며, 국수 위에 고명으로 올리는 등 여러 가지 응용 요리에 활용할 수 있다. 여기서는 이 알배추 샐러드를 이용해 오늘의 메인 요리인 알배추 샐러드 군만두를 만들어 보겠다.

알배추 샐러드를 이용한
바삭바삭한 다이어트 만두

    다이어트 군만두의 만두소는 알배추 샐러드가 중심이 된다. 볼에 알배추 샐러드를 적당량 담고, 색감을 살리기 위해 잘게 다진 쪽파나 대파 파란 부분을 조금 넣어 준다. 여기에 달걀 1개를 깨 넣어 잘 섞는데, 이때 달걀은 만두소를 한 덩어리로 잡아 주는 결합제 역할을 한다.

    이렇게 만든 만두소는 달걀을 익혀 주기 위해 먼저 한 번 팬에서 볶아 준다. 팬에 기름을 직접 붓지 말고 기름 스프레이를 가볍게 뿌린 뒤 중약불에서 재빨리 볶는다. 이때 감칠맛을 더하기 위해 굴소스 1/2큰술을 넣어 함께 볶아주면 풍미가 훨씬 좋아진다. 어느 정도 익었다 싶으면 불을 끄고 만두소를 다시 볼에 옮겨 식힌다.

    이제 만두를 싸는 단계다. 이 레시피에서는 밀가루 반죽으로 만든 일반 만두피 대신 라이스페이퍼를 사용한다. 밀가루 대신 쌀을 사용해 조금이나마 부담을 덜기 위함이다.

    라이스페이퍼를 사용할 때 중요한 팁이 있다.

    뜨거운 물이 아닌 상온의 물에 담가야 한다. 뜨거운 물에 넣으면 너무 빨리 불어 서로 들러붙어 다루기 힘들어진다.

    도마 표면에도 물을 살짝 묻혀 주어야 라이스페이퍼가 도마에 들러붙지 않는다.

라이스페이퍼의 끝부분을 도마 밖으로 약간 내어 놓으면, 나중에 만두를 말 때 떼어 내기 훨씬 쉽다.

적당히 부드러워진 라이스페이퍼를 도마 위에 펼친 뒤, 만두소를 올린다. 이때 만두소를 너무 많이 넣으려고 하면 모양이 잘 잡히지 않으므로 적당량만 올려 먼저 아랫부분을 말아 올리고, 양 옆을 안쪽으로 접은 뒤 다시 돌돌 말아 주면 네모나고 단정한 만두 모양이 완성된다. 동일한 방법으로 5개 정도 만든다.

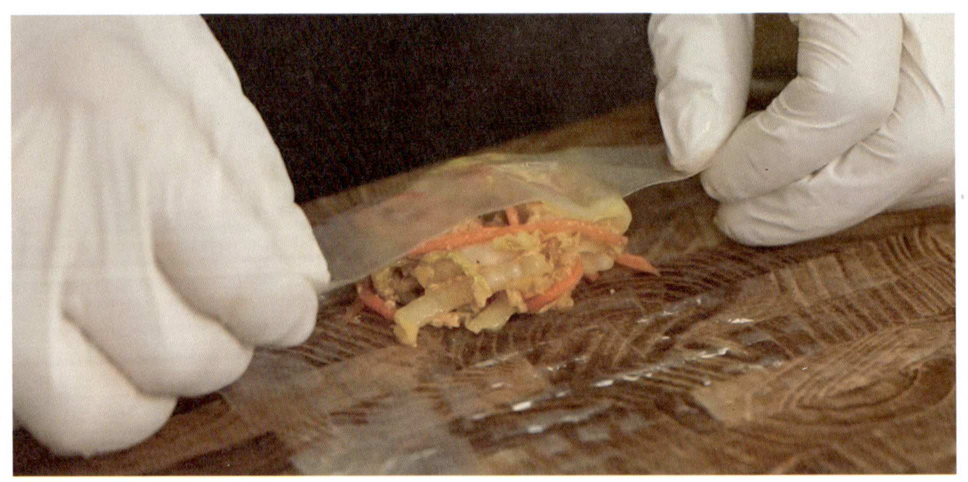

이렇게 만든 만두는 그냥 생으로 먹어도 되지만, 군만두 특유의 식감을 살리기 위해 팬에 한 번 구워 준다. 팬에 다시 한 번 기름 스프레이를 뿌리고 중약불로 맞춘 뒤, 라이스페이퍼 만두를 올려 앞뒤로 노릇노릇하게 구워 준다. 불이 너무 세면 겉만 금방 타버리니 주의해야 한다.

이렇게 해서 알배추 샐러드 다이어트 군만두가 완성되었다. 과연 맛은 어떨까? 한 입 베어 물어 보면, 겉은 바삭바삭하고 속은 촉촉하면서도 상큼한 알배추 샐러드의 풍미가 살아 있다. 일반 군만두처럼 진짜 맛있으면서도, 열량은 훨씬 적은 건강한 저칼로리 음식이다.

바삭한 군만두의 식감을 그대로 살리면서도 부담 없는 칼로리로 즐길 수 있는, 질리지 않고 오랫동안 먹을 수 있는 다이어트 군만두가 완성된 것이다.

영상 보러가기

단백질 폭탄 콩국수

단백질 폭탄 콩국수는 여름철 별미로 즐길 수 있도록 개발한 요리다. 무더운 여름, 시원하게 먹으면서 단백질까지 든든하게 보충할 수 있는 최상의 메뉴라고 할 수 있다.

재료

백태 3/2컵(약 200g)
중면 2인분
생수 2L
100% 땅콩버터 2큰술
볶은 참깨가루 1큰술
검은깨, 삶은 계란(선택)
소금 1작은술
설탕 1/2작은술

조리법

1. 콩을 2시간 정도 불린 뒤 30분간 삶는다.
2. 고명으로 올리기 위해 오이는 채 썰고, 토마토는 1/4쪽 크기로 잘라 준비한다.
3. 삶은 콩을 찬물에 넣고 비비듯이 문질러 콩 껍질을 벗겨낸다.
4. 껍질을 제거한 콩에 땅콩버터와 볶은 참깨가루를 넣고, 콩 삶은 물과 생수를 더해 곱게 간다.
5. 중면을 삶아 찬물에 비벼 헹군 뒤 물기를 빼서 그릇에 담아 둔다.
6. 준비한 면에 콩국물을 붓고 고명과 얼음을 올린 뒤, 기호에 따라 소금과 설탕으로 간을 맞춘다.

단백질 폭탄 콩국수의 다이어트 & 건강 효과

여름철 폭염이 시작되면 입맛이 점점 떨어지기 쉽다. 이럴 때 가장 먼저 떠오르는 메뉴 중 하나가 바로 고소한 콩국수일 것이다. 식물성 단백질이 풍부하고 비교적 살도 잘 찌지 않는 콩은 여름철 보양식으로 전혀 손색이 없다.

콩국수에서 다이어트 관점의 고민은 주로 '면'에 있다. 이번 레시피에서는 탄수화물인 중면을 그대로 사용하지만, 이후에는 중면 대신 통밀면, 두부면 등의 활용도 충분히 고려하고 있다. 다만 이 레시피에서는 콩국수의 핵심을 '콩물'에 두었기 때문에, 국물 자체로만 보면 말 그대로 단백질 폭탄이다.

단백질은 근육 생성과 유지, 성장에 필수적인 영양소다. 성장기 아이들이 꼭 먹어야 하고, 운동하는 사람들에게도 반드시 필요하다. 단백질 섭취가 부족하기 쉬운 노년층 역시 콩국수를 통해 단백질을 보충하기에 아주 적절하다. 인간의 몸에서 근육은 곧 건강 수명과도 직결되기 때문에, 단백질 공급원으로서 콩은 반드시 챙겨야 할 식재료라 할 수 있다.

또 콩에는 불포화 지방산이 함유되어 있어 혈중 콜레스테롤 수치를 낮추는 데 도움을 줄 수 있으며, 혈관 건강에도 유익하다. 식이섬유도 풍부해 포만감을 오래 유지시키고, 혈당 상승 속도를 늦춰 다이어트에도 매우 효과적이다.

특히 콩에는 이소플라본이 많이 들어 있는데, 이 성분은 여성호르몬과 유사한 작용을 하여 갱년기 여성의 안면홍조, 골다공증 등의 증상 완화에 도움을 줄 수 있다. 여기에 사포닌, 비타민 E 등 다양한 항산화 물질이 더해져 저속 노화, 면역력 강화, 일부 암 예방에도 긍정적인 역할을 할 것으로 기대된다.

마지막으로 콩에는 칼슘과 마그네슘 역시 풍부해 골밀도 형성에 기여하므로, 골다공증 예방에도 적합한 식재료다.

단백질 폭탄 콩국수의 건강 조리법

콩국수는 굽거나 튀기는 과정이 없어 기본적으로 조리법 자체가 비교적 건강한 편에 속한다. 다만 일반적으로 사용하는 흰 소면은 정제 탄수화물이라 혈당을 빠르게 올릴 수 있기 때문에, 당뇨가 있거나 혈당 관리가 필요한 사람은 주의해야 한다. 이 경우 중면 대신 통밀면, 100% 메밀면, 두부면, 곤약면 등을 활용하는 것도 좋은 방법이다.

콩국물의 맛이 밋밋하다고 소금을 과하게 넣는 경우가 있는데, 나트륨 과다 섭취는 고혈압과 신장 부담의 원인이 될 수 있다. 이럴 때는 소금을 더 넣기보다 볶은 참깨가루 등을 함께 넣어 고소한 맛을 강화해 주면, 소금 양을 줄이면서도 충분히 맛있게 먹을 수 있다.

또 하나 주의할 점은 보관이다. 콩국물은 고단백이면서 수분 함량도 매우 높아 세균이 빠르게 증식하기 쉬운 환경이다. 냉장 보관을 하더라도 1~2일 내에 먹는 것이 안전하며, 그 이상 보관이 필요하다면 소분하여 냉동 보관하는 것이 좋다.

여름 별미 건강식 단백질 폭탄 콩국수 레시피

콩국수는 한국인이 여름 별미로 즐기는 요리다. 수많은 콩국수 만드는 방법이 있지만 전문 콩국수집 부럽지 않으면서 건강 다이어트에도 도움되는 콩국수 레시피를 준비해봤다.

재료는 백태, 무가당 땅콩버터, 볶음 참깨가루, 중면, 오이나 토마토, 검은깨나 삶은 계란, 그리고 양념으로 소금과 설탕이 필요하다.

먼저 콩을 불려야 하는데 여기에 대한 속설이 많다. 어떤 사람은 6시간, 12시간, 24시간 불리는 경우도 있고 어떤 사람은 한두 시간이면 충분하다는 사람도 있다. 우리는 이 중 한두 시간 불리는 쪽을 택한다. 콩은 한두 시간만 불려도 거의 두 배 이상 커지고 또 시간을 절약하기 위해서다.

콩을 불리는 시간은 사실 이후에 삶는 시간에서 차이가 난다. 6시간, 12시간 불린 콩은 삶을 때 한 5분만 끓여도 되는데 한두 시간 불린 것은 30분 정도 끓여야 된다. 한두 시간 불리는 쪽을 택하면 전체적 시간에서 이득을 볼 수 있다.

이제 두 시간 정도 불려 놓은 콩을 삶아야 하는데 이때도 속설이 많다. 콩을 삶을 때 뚜껑을 열면 비린내가 난다느니, 콩을 넣을 때 찬물에서부터 넣어야 하나, 끓을 때 넣어야 하나 등. 그러나 그동안의 경험에 의하면 이 모든 것은 다 상관이 없다는 것이다. 뚜껑을 열어도 비린내는 안 나고 찬물부터 넣으나 끓을 때 넣으나 큰 차이는 없다. 콩나물도 마찬가지다. 콩나물 삶을 때 뚜껑 열면 비리다는 속설이 있는데 이 역시 속설일 뿐이다. 콩이 비리고

안 비리고는 콩이 완전히 익었냐, 안 익었냐에 따라 나타나는 현상이다. 콩이 덜 익으면 비린내가 나기 마련이다.

2시간 불린 콩을 30분 끓이면 비린내 나지 않는 익힌 콩을 완성할 수 있다. 메주콩이 아닌 검은콩 즉 서리태로 할 경우 방법은 거의 비슷한데 서리태는 통계적으로 조금 더 늦게 익기 때문에 한 10분 정도만 더 끓여 줘야 한다. 맛은 서리태가 조금 더 고소하고 깊은 맛이 나고 메주콩은 좀 더 깔끔하고 담백한 맛이 난다. 따라서 자기 취향에 따라 검은콩, 하얀콩을 고르면 된다.

콩을 삶는 중에 고명을 만들어 보도록 하자. 오이는 껍질을 까야 하는데, 껍질 깎는 칼을 써도 되고 돌려 깎기로 깎아도 된다. 이렇게 깐 오이는 채 썰어놓는다. 토마토는 반으로 자르고 또 반으로 잘라서 그중 4분의 1개만 준비하면 된다.

다 삶은 콩은 찬물에 넣어서 한 번 씻어 준다. 이때 삶은 물은 나중에 콩을 갈 때 조금 쓸 거기 때문에 다 버리지 말고 준비해 둔다. 찬물에 씻으면서 콩 껍질을 까야 하는데 콩이 따뜻할 때 껍질이 잘 벗겨지기 때문에 따뜻할 때 물속에서 손으로 비벼주면 저절로 껍질이 까진다. 어느 정도 까졌다 싶을 때 물을 따라내면 껍질이 분리되어 나온다. 이 과정을 세 번 정도 거치면 껍질이 다 까진다.

이제 콩을 갈기만 하면 되는데 아까 콩 삶은 물을 3/2컵, 똑같이 생수도 3/2컵 넣어준 다. 여기에 콩물을 더 고소하게 만들어주기 위해 첨가물을 넣어주는데 요즘 콩물에다 고소한 맛을 더해 주기 위해 제일 많이 쓰는 게 땅콩가루와 참깨가루이다. 그런데 여기에서는 땅콩가루 대신 땅콩버터를 쓸 것이다. 아 마 이 부분에서 버터의 열량이 얼마나 높 은데 저 의사 선생님 왜 저러시나, 하는 사람도 있을 것이다. 그런데 시중에 설탕 도, 추가 지방도 안 들어간 땅콩 100%로 만든 땅콩버터가 있다. 이 땅콩버터를 쓴 다는 것이다.

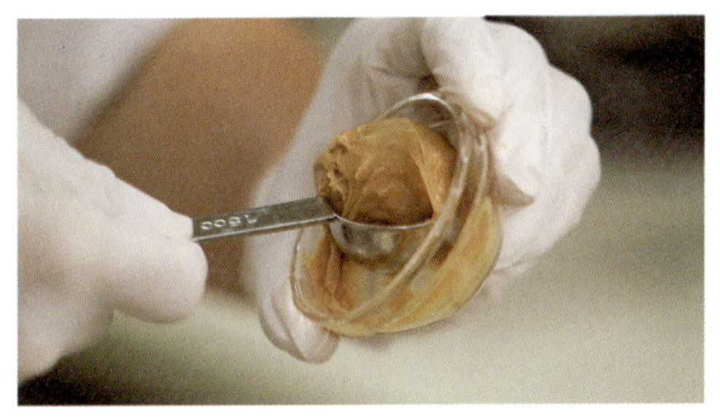

땅콩가루 대신 땅콩버터를 쓰는 이유는 땅콩가루는 아무리 곱게 간 것도 결국 입안에 가루가 걸리는 느낌이 들기 때문이다. 하지만 땅콩버터를 쓰면 콩물에 잘 풀어져서 훨씬 더 부드럽게 콩국수를 즐길 수 있다. 이렇게 땅콩버터 1큰술에 참깨가루도 1큰술 넣어준 후 이제 갈아주면 된다. 처음에는 낮은 속도로 갈아 주는데 그다음에는 좀 높은 속도로 1분씩 두 번 갈아주면 된다. 이때 콩물의 농도 조절은 개인의 취향에 따라 조절하면 된다. 그런데 나중에 얼음을 넣어줄 거기 때문에 그것을 가만하여 농도를 조절하면 된다.

이렇게 간 콩물은 더 시원하게 먹기 위해 다른 재료를 준비할 동안 냉장고에 넣어주면 더 좋다.

이제 면을 삶을 차례인데, 중면 200g 2인분을 삶도록 하겠다. 여기서 중면은 밀가루이므로 다이어트 걱정이 될 수 있다. 여기에서는 순수한 콩국수 맛을 내기 위해 중면을 사용하지만, 건강 다이어트가 걱정되는 사람들은 100% 메밀면 같은 것을 사용해도 좋다. 이제 끓는 물에 3분 30초 삶은 후 찬물에 헹구면 면도 준비가 된다.

면을 그릇에 담고 냉장고에 넣어 놨던 콩물을 흔들어서 붓기만 하면 콩국수 1차 완성이다. 여기에 고명으로 아까 준비해 뒀던 토마토도 얹고 오이도 얹은 후 검은깨를 뿌리거나 삶

은 계란을 얹어주고 얼음까지 띄우면 맛있는 단백질 폭탄 콩국수 완성이다.

더운 여름을 날려 줄 시원하고 맛있는, 그러면서 건강도 챙길 수 있는 맛있는 콩국수가 완성됐다. 여기서 추가로 들어갈 게 하나 더 있으니 소금하고 설탕이다. 콩국에다가 소금을 안 넣으면 일단 간이 안 맞기 때문에 소금을 아예 안 넣을 수는 없다. 또 콩국에다가 소금을 넣으면 콩의 쓴맛과 비린 맛을 잡아 주고 감칠맛을 더해 주기 때문에 콩의 고소함을 더 또렷하게 느낄 수 있다.

보통의 사람들은 콩국수에 소금만 간을 해서 먹는데, 의외로 설탕을 넣어 먹는 사람도 많다. 약간의 설탕은 콩물을 더 진하고 부드럽게 느껴지도록 만드는 역할을 한다. 이러한 이유로 콩국수에 소금과 약간의 설탕을 조합하여 넣는 것을 권장한다. 이렇게 하면 콩의 쓴맛과 비린 맛을 잡고 고소함은 배가시켜 주며 부드러운 맛을 강하게 해주므로 아주 풍부한 맛의 조화를 느낄 수가 있다.

과연 단백질 폭탄 콩국수의 맛은 어떨까? 이건 정말 맛있다. 아니 맛있을 수밖에 없다. 과연 여름철 별미라고 할 수 있다.

영상 보러가기

초간단 순두부 인절미 떡

순두부 인절미 떡은 쌀가루·찹쌀가루를 전혀 사용하지 않고, 다이어트에 최적인 차전자피 가루를 이용해 만든 떡이다. 쫀득한 식감이 인절미와 크게 다르지 않아, 건강 다이어트를 하는 사람도 마음 편히 즐길 수 있는 떡이다.

재료

순두부 1튜브
소금 1작은술
스테비아 3큰술
차전자피 가루 4큰술
병아리콩 가루
블루베리 가루
흑임자 가루

조리법

1. 순두부의 간수를 충분히 빼고 곱게 으깬다.
2. 으깬 순두부에 차전자피 가루, 스테비아, 소금을 넣고 골고루 섞는다.
3. 전자레인지에 3분 정도 돌린 뒤 한 번 더 잘 섞으면 쫀득한 떡 반죽이 완성된다.
4. 반죽을 넓적하게 펴서 콩고물을 묻힌 뒤 떡 모양으로 알맞게 자른다.
5. 잘라낸 떡에 병아리콩 가루, 흑임자 가루, 블루베리 가루를 각각 묻혀 접시에 담는다.

순두부 인절미 떡의
다이어트 & 건강 효과

일반적으로 떡을 만들려면 쫀득한 식감을 내기 위해 찹쌀가루나 각종 전분 가루가 필요하다. 하지만 순두부 인절미 떡은 이런 재료를 전혀 쓰지 않고, 순두부만으로 떡을 만들기 때문에 찹쌀·전분을 대신할 재료가 필요하다. 그 대체재가 바로 차전자피 가루다.

차전자피는 수분 흡수력이 매우 강해 물과 만나면 30~40배까지 팽창하면서 젤 형태로 변하는 성질을 가지고 있다. 그럼에도 불구하고 열량은 거의 없거나 아주 미미한 수준에 불과하다.

그리고 차전자피는 변비가 심한 사람에게는 약으로 쓰일 정도로 건강 효능이 뛰어난 식이섬유다.

차전자피의 80% 이상은 수용성 식이섬유로 구성되어 있어, 말 그대로 식이섬유 폭탄이라 할 수 있다.

이 식이섬유는 물을 흡수해 30배 이상 부풀어 위를 채우며, 적은 양으로도 포만감을 크게 높여 식욕 억제에 매우 효과적이다.

또한 소화 속도를 늦추어 혈당이 서서히 오르게 만들기 때문에, 당뇨를 걱정하는 사람에게도 안성맞춤인 재료다.

이처럼 순두부 인절미 떡은 순두부와 차전자피를 활용해 칼로리는 낮추고 포만감과 혈당 관리 효과는 높인 떡이라고 볼 수 있다.

순두부 인절미 떡의 건강 조리법

순두부 인절미 떡은 전분 가루를 전혀 쓰지 않고 차전자피로 점성과 쫀득한 식감을 만들어내는 떡이다. 이때 한 가지 약점은, 천연 제로 칼로리 감미료인 알룰로스를 사용할 수 없다는 점이다. 차전자피와 알룰로스를 함께 쓰면 점성이 달라져 반죽의 질감이 무너지는 문제가 생기기 때문이다.

그래서 이 레시피에서는 알룰로스 대신 스테비아를 사용한다.

스테비아 역시 천연 유래 제로 칼로리 감미료로, 남아메리카 원산 식물 스테비아 잎에서 추출한 성분을 바탕으로 만든다.

단맛은 설탕의 200~300배에 이르지만, 칼로리는 거의 제로에 가깝다고 알려져 있다.

혈당지수도 거의 없어, 당뇨를 걱정하는 사람도 비교적 안심하고 사용할 수 있는 감미료다. 일부 연구에서는 스테비아 섭취가 인슐린 저항성 개선에 도움이 될 가능성을 시사하기도 했다.

다만, 시중에서 판매되는 스테비아는 대부분 정제 가공된 형태이므로, 과량 섭취 시 일부 연구에서 부작용 가능성이 제기된 바 있다. 따라서 평소 과하게 먹는 것은 피하는 것이 좋다. 순두부 인절미 떡에서는 1회 소량 사용에 그치기 때문에 크게 우려할 필요는 없다.

찹쌀가루 없이 만드는 초간단 순두부 인절미 떡 레시피

우리나라 사람들이 가장 좋아하는 음식을 꼽으라면 고기, 밥, 빵, 떡, 면을 빼놓을 수 없다. 이 중에서 건강 다이어트 관점에서 고기·밥·빵·면을 제한하고 나면, 마지막으로 남는 것이 바로 떡이다. 그런데 떡마저 먹지 말라고 하면 너무 서글퍼지기 마련이다.

당뇨가 있는 사람에게는 떡이 특히 부담스럽다. 당뇨 환자에게 "떡을 줄이세요"라고 말하는 순간, 오히려 떡 생각만 간절해지기 쉽다. 그렇다면 떡을 먹으면서도 할 수 있는 다이어트가 있다면 어떨까? 이 질문에서 출발해 개발한 요리가 바로 순두부 인절미 떡이다.

놀라운 점은, 이 인절미가 쌀가루·찹쌀가루 없이 만들어졌다는 사실이다. 순두부를 이용하기 때문에 칼로리는 매우 낮고, 그럼에도 쫀득쫀득한 식감은 그대로 살아 있다. 어떻게 이런 일이 가능할까?

순두부 인절미 떡은 말 그대로 순두부로 만드는 떡이다. 불에 찌는 과정도 필요 없고, 전자레인지에 잠깐만 돌리면 되기 때문에 조리 과정도 매우 간단하다.

필요한 재료는 순두부 1튜브와 차전자피 가루 4큰술, 스테비아 2~3큰술, 그리고 겉에 묻힐 병아리콩가루·블루베리 가루·흑임자 가루다. 이제 본격적으로 순두부 인절미 떡을 만들어 보자. 이 레시피의 핵심은 전분 대신 차전자피 가루를 사용한다는 점이다.

먼저 순두부를 반으로 잘라 체에 받쳐 둔다. 순두부에는 쓴맛이 나는 간수가 남아 있는데, 이를 제거하기 위해 충분히 물기를 빼야 한다. 간수는 콩 단백질을 응고시키는 역할을 하지만 맛 자체는 다소 쓴 편이다. 반으로 자른 순두부를 체에 올려 약 20분 정도 두면 상당한 양의 물이 빠져나온다.

다음으로 순두부를 곱게 갈아야 한다. 볼에서 주걱으로 으깨도 되고, 믹서를 사용해도 되지만, 가장 간단한 방법은 체에 올려 누르듯이 내려주는 것이다. 이 과정을 거치면 매끄럽게 간 순두부 반죽이 완성된다.

여기에 차전자피 가루 4큰술, 스테비아 3큰술, 소금을 1꼬집 넣어 준다. 단맛과 짠맛이 적당히 섞이면서 맛의 밸런스가 잡힌다. 일반적인 떡 반죽에서 쌀가루에 설탕을 듬뿍 넣어 만든다면, 그 그릇 하나만으로도 열량이 금세 수백~천 칼로리를 넘어갈 것이다. 떡은 기본적으로 고열량 식품일 수밖에 없다. 하지만 지금 만들고 있는 순두부 인절미 떡은 순두부와 차전자피만으로 구성되어 있어, 전체적인 칼로리가 매우 낮다는 점이 큰 장점이다.

재료들을 잘 섞다 보면, 차전자피가 수분을 흡수해 점점 농도가 짙어지며 걸쭉한 반죽 상태로 변한다. 이 반죽을 전자레인지에 약 2분간 돌린 뒤 꺼내 보면, 마치 찹쌀떡처럼 쫀득해진 순두부 떡이 된다. 여기에 1분 정도를 더 돌려주면 탄력이 더 좋아져 한층 쫀득한 떡이 완성된다.

이렇게 만들어진 순두부 떡은 탄력이 좋고 쫄깃한 질감을 가지면서, 재료는 순두부와 차전자피라는 점에서 다시 한 번 놀라게 된다. 차전자피는 다이어트에 관심 있는 사람이라면 한 번쯤 들어봤을 법한 재료다.

앞서 언급했듯 차전자피는 질경이 씨 껍질에서 얻은 식이섬유로, 식이섬유 함량이 압도적으로 높고 혈당지수도 매우 낮으며 열량 또한 거의 없다시피 하다.

더군다나 변비 개선에 도움을 주고 포만감을 오래 유지시켜 밥 대신 활용하면 다이어트에도 큰 도움이 된다.

또 당 흡수를 천천히 일어나게 해주기 때문에, 일반 떡처럼 혈당을 급격히 올리지 않는다. 실제로 당뇨 환자가 일반 떡을 먹으면 혈당이 크게 치솟을 수 있지만, 차전자피를 활용한 순두부 떡은 혈당 상승 폭을 상당히 억제할 수 있다. 말하자면, 이 떡은 "혈당을 치솟게 하는 떡"이 아니라 오히려 혈당 관리에 도움을 줄 수 있는 떡에 가깝다고 볼 수 있다.

반죽은 5~10분 정도 식혀 주면 모양 잡기가 좋아진다. 그 사이 떡에 묻힐 고물을 준비한다. 인절미 하면 가장 먼저 떠오르는 것이 콩고물인데, 이 레시피에서는 그중에서도 병아리 콩가루를 선택한다.

병아리 콩가루는 일반 콩가루보다 식이섬유와 단백질 함량이 더 높고 혈당지수는 더 낮으며 열량도 상대적으로 적은 편이다.

다음으로 준비할 것은 흑임자 가루다. 흑임자는 우리가 잘 아는 검은깨로, 레시틴과 오메가-3가 풍부해 뇌 기능 향상과 치매 예방에 도움을 줄 수 있는 식재료다. 떡 위에 묻히는 고물조차 건강을 고려하여 선택한 셈이다.

보라색의 예쁜 고물은 블루베리 가루다. 일반적으로 블루베리는 냉동 상태로 많이 보관하지만, 가루 형태로 만들면 유효 성분이 더 농축되고 보관성도 좋아진다. 안토시아닌을 비롯한 항산화 성분이 풍부해 항산화 작용을 기대할 수 있다.

이제 이 고물들을 이용해 색감도 예쁘고 건강에도 좋은 떡을 완성해 보자. 반죽을 한 주먹 정도 떼어 내어 납작하게 펴고 콩고물 위에 올린 후, 콩고물을 골고루 묻히면서 모양을 잡는다. 그 상태에서 먹기 좋은 크기로 잘라 주면 인절미 모양이 완성된다.

잘라낸 떡에 콩고물을 한 번 더 골고루 묻힌다. 차전자피 특성 때문에 떡 속이 약간 어둡고 탁한 색을 띠지만, 외부에 콩고물·흑임자 가루·블루베리 가루를 입히면 색감이 충분히 예쁘게 살아난다. 만약 순백색 인절미를 원한다면, 차전자피 대신 전분 가루를 쓰는 방법도 있지만, 이 경우 칼로리가 확 올라가기 때문에 건강 다이어트 관점에서는 차전자피가 가장 좋은 선택이다.

이제 중요한 건 맛이다. 과연 인절미 같은 맛이 날까? 흑임자 가루와 블루베리 가루를 이용해 다양한 색의 인절미 떡을 만들어 한 입 베어 물어보면, 쫀득하면서도 몽글몽글한 식감과 함께 진짜 인절미에 가까운 맛이 느껴진다.

오랫동안 당뇨 때문에 인절미를 멀리했던 사람이라면 특히 감격스러울 수 있다. 인절미는 안 된다고 생각만 해왔는데, 이렇게 순두부와 차전자피로 만든 인절미는 당뇨 환자도 부담 없이 먹을 수 있는 새로운 선택지가 되어준다.

순두부 인절미 떡은 단맛이 은은하게 올라와 별도의 소스나 꿀을 찍어 먹지 않아도 충분히 맛있다. 인절미 특유의 "질기게 늘어지는" 식감이 아니라, 쫄깃하면서도 부드럽고 몽글몽글한 질감이 특징이라 마치 새로운 종류의 떡을 먹는 느낌이 든다. 그야말로 떡의 새로운 패러다임이라고 할 만하다.

이렇게 건강 다이어트를 걱정하는 사람도, 당뇨를 걱정하는 사람도 마음껏 먹을 수 있는 떡이 완성되었다. 여기에 더해, 이 반죽을 응용하면 다른 떡으로 확장하는 것도 가능하다.

달지 않은 팥앙금을 넣어 단팥떡을 만들거나 쌀가루를 조금 섞어 순두부 백설기를 만들고 더 오래 쪄서 찰기를 높이면 모찌 스타일 떡으로도 변형할 수 있다.

이제 떡에서도 어느 정도 자유로워졌다고 말할 수 있다. 다이어트를 고민하는 중년 여성은 물론, 당뇨로 인해 떡을 멀리했던 사람들에게도 적극 추천할 만한 메뉴, 그것이 바로 순두부 인절미 떡이다.

영상 보러가기

영양만점 감자 샐러드

마요네즈를 쓰지 않고 초저칼로리 소스로 만든 감자 샐러드는, 전통적인 마요네즈 대신 그릭 요거트 기반 소스를 사용해 칼로리를 대폭 줄이면서도 고소하고 부드러운 식감을 살린 건강 샐러드이다.

재료

감자(중간 크기) 3개
삶은 계란 3알(완숙)
양파 1/2개
오이 1개
옥수수콘 4큰술
빨강·노랑 파프리카 각 1/2개
파슬리 가루, 후추 약간
무가당 그릭 요거트 4큰술
홀그레인 머스터드 1큰술
식초 1큰술(또는 기호에 따라 가감)
알룰로스 3큰술
삶은 계란 노른자 2개
소금 약간

조리법

1. 감자를 한입 크기(약 1cm)로 썰어 찜기에 넣고 10~12분 정도 부드럽게 쪄준다.
2. 양파, 오이, 파프리카는 주사위 모양으로 썰어 준비한다. 오이는 소금을 약간 뿌려 절이고, 양파는 물에 담가 매운맛을 빼준다.
3. 삶은 계란은 완숙으로 준비해 알맹이를 굵게 으깬다.
4. 무가당 그릭 요거트, 홀그레인 머스터드, 식초, 알룰로스, 삶은 계란 노른자, 소금·후추를 믹서기에 넣고 곱게 갈아 초저칼로리 마요네즈 소스를 만든다.
5. 큰 볼에 감자, 채소, 계란, 옥수수콘을 넣고 준비한 소스를 넣어 가볍게 버무린 뒤, 파슬리 가루와 후추를 뿌려 마무리한다.

감자 샐러드의 다이어트 & 건강 효과

감자 샐러드에서 가장 먼저 걱정되는 부분은 감자의 전분과 마요네즈의 높은 열량이다. 하지만 감자는 적절히 활용하면 장점이 많은 식재료다.

감자에 함유된 알칼리 성분은 위산을 중화해 위 점막을 보호하고, 위염·위궤양이 있는 사람에게 도움을 줄 수 있다.

칼륨이 풍부해 나트륨 배출을 돕고, 혈압을 안정시키는 데 긍정적으로 작용한다.

감자 1개에는 하루 권장량의 약 30~40%에 해당하는 비타민 C가 들어 있어 항산화 작용과 면역력 향상에 기여한다.

감자의 복합 탄수화물은 에너지를 서서히 공급하고 포만감을 오래 유지시켜, 혈당을 급격히 올리는 단순당과는 다르게 작용한다. 이 때문에 당뇨가 있는 사람이 에너지가 떨어질 때 소량 섭취하면 도움이 될 수 있는 식재료다.

문제는 보통 감자 샐러드에 듬뿍 들어가는 마요네즈다. 마요네즈는 식용유에 계란 노른자, 식초·레몬즙을 섞어 만드는 소스로, 기름이 주성분이라 1큰술당 약 100kcal 전후로 열량이 매우 높다. 감자 자체보다 마요네즈에서 오는 열량 부담이 훨씬 크다고 해도 과언이 아니다.

이 레시피에서는 바로 이 부분을 바꾸기 위해, 마요네즈 대신 그릭 요거트 기반 초저칼로리 소스를 사용해 감자 샐러드를 한층 가볍게 즐길 수 있도록 구성했다.

감자 샐러드의 건강 조리법

샐러드는 겉으로는 건강식처럼 보이지만, 실제 열량과 건강성을 가르는 요소는 소스다. 전통적인 마요네즈 소스는 기름과 달걀 노른자를 바탕으로 하여 칼로리가 매우 높다.

그래서 이 레시피에서는 다음과 같은 방식으로 조리법을 바꾸었다.

1. 감자의 조리법

감자를 1cm 내외로 잘라 찜기에 쪄내면, 통째로 삶는 것보다 조리 시간이 짧아지고 영양소 손실도 줄어든다.

뜨거울 때 굵게 으깨면 전분이 적당히 풀어지면서도 식감이 남아, 샐러드에 어울리는 질감이 된다.

2. 채소 활용

오이, 파프리카, 양파를 주사위 모양으로 썰어 넣어 식감을 살리고, 색감을 풍부하게 해 시각적인 만족감을 높인다.

양파는 물에 담가 아린 맛을 줄이고, 오이는 소금에 살짝 절여 사용해 전체 맛의 균형을 맞춘다.

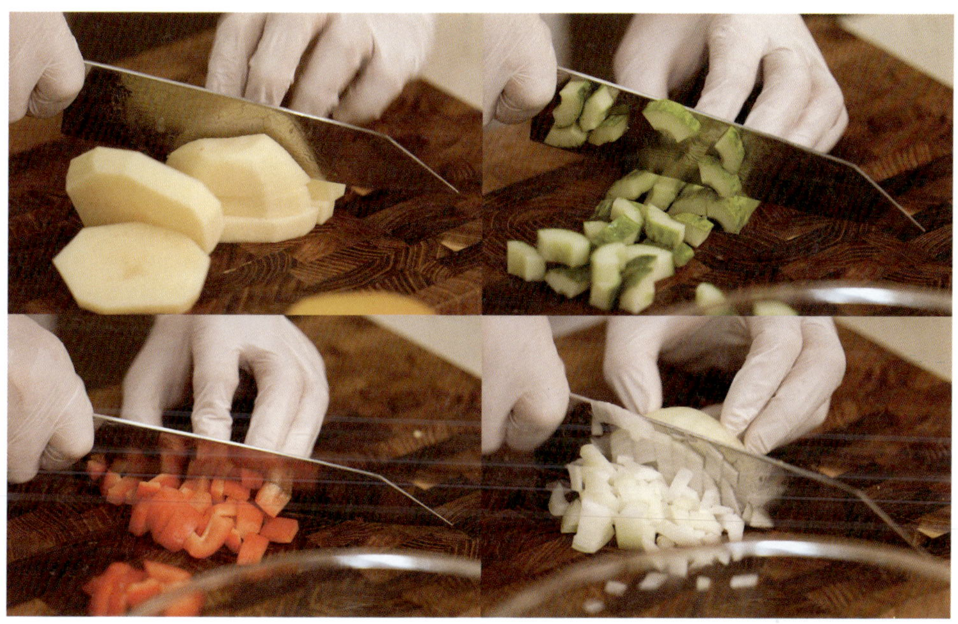

3. 마요네즈 대신 그릭 요거트 소스

무가당 그릭 요거트에 홀그레인 머스터드, 식초, 알룰로스를 섞고 삶은 계란 노른자를 넣어 농도를 맞춘다.

이렇게 만든 소스는 전통 마요네즈보다 칼로리는 크게 낮아지면서, 질감과 고소함은 비슷하게 유지된다.

알룰로스를 사용해 설탕의 칼로리 부담을 줄이고, 소량의 올리브유와 계란 노른자로 마요네즈 특유의 크리미한 느낌을 보완한다.

이 조리법 덕분에 감자 샐러드는 "마요네즈 때문에 살찔까 걱정되는 음식"이 아니라, 상대적으로 부담이 적고 영양 균형을 갖춘 메뉴로 재탄생한다.

마요네즈 빼고 즐기는
초저칼로리 감자 샐러드 레시피

일반적인 감자 샐러드는 '샐러드=건강식'이라는 이미지와는 달리 마요네즈가 듬뿍 들어가 열량이 상당히 높은 편이다. 이 레시피의 목표는 마요네즈 없이도 충분히 부드럽고 맛있는 감자 샐러드를 만드는 데 있다.

먼저 감자는 1cm 크기로 썰어 찜기에 10~12분 정도 쪄낸 뒤, 뜨거울 때 굵직하게 으깨 감자의 식감이 어느 정도 남도록 한다. 오이는 반으로 갈라 주사위 모양으로 썰어 소금을 약간 뿌려 절여 두고, 파프리카는 씨를 제거한 뒤 오이와 비슷한 크기로 썬다. 양파는 조금 더 잘게 썰어 찬물에 잠시 담가 아린 맛을 빼주고, 완숙 계란은 굵게 으깨 준비한다. 옥수수콘도 미리 건져 물기를 빼 두면 섞을 때 한결 편하다.

초저칼로리 마요네즈 소스는 믹서기에 무가당 그릭 요거트, 홀그레인 머스터드, 식초, 알룰로스, 계란 노른자 2개, 소금과 후추를 함께 넣고 곱게 갈아 만든다. 그릭 요거트는 산뜻한 산미와 단백질을 더해 주고, 계란 노른자는 농도와 고소함을 높여 전통 마요네즈와 비슷한 질감을 만들어 준다. 알룰로스는 설탕 대신 사용해 칼로리를 줄이면서도 필요한 단맛을 확보해 주는 역할을 한다.

큰 볼에 으깬 감자와 준비한 채소, 계란, 옥수수콘을 넣고 초저칼로리 마요네즈 소스를 부어 부드럽게 버무린다. 기호에 따라 소금과 후추로 간을 한 번 더 조절한 뒤, 접시에 담아 으깬 계란 노른자를 올리거나 파슬리 가루를 살짝 뿌려 마무리하면, 마요네즈 없이도 고소하고 담백하게 즐길 수 있는 감자 샐러드가 완성된다.

이렇게 만든 마요네즈 없는 감자 샐러드는, 일반 마요네즈 샐러드보다 열량은 훨씬 낮으면서도 식감은 크리미하고 풍부하다. 특히 당뇨나 체중 관리가 필요한 사람도 비교적 안심하고 즐길 수 있는 구성이다.

무거운 마요네즈 대신 가벼운 그릭 요거트 소스를 사용한 이 감자 샐러드는, "샐러드는 건강해야 한다"는 기대에 훨씬 더 잘 부합하는 메뉴다. 일반적인 마요 감자 샐러드보다 더 부드럽고, 더 가볍고, 더 건강하게 즐길 수 있는 레시피로, 한 번쯤 꼭 만들어 볼 만한 가치가 있다.

반찬, 특식이 필요할 땐?

매일 먹는 반찬이 내 몸을 망치고 있다는 불안감, 이제는 떨쳐버려도 좋다. 건강 다이어트의 정석을 담아낸 반찬 레시피는 당신의 식탁을 가장 안전하고 맛있는 다이어트의 성지로 바꿔놓을 것이다. 의심하지 말고 따라 해보자. 집밥이 곧 보약이고, 다이어트다.

영상 보러가기

건강 메밀해물파전

메밀해물파전은 파전이 먹고 싶을 때 밀가루 대신 메밀가루를 사용해 만든 요리다. 각종 해산물과 채소가 듬뿍 들어가 있어 바삭하면서도 부담 없이 즐길 수 있는 건강 파전이다.

재료

메밀가루 1컵(계량컵 기준)
쪽파 1움큼
계란 3개
새우·오징어·가리비 적당량
청고추·홍고추 1개씩
당근 약간
양파 약간
간장 3큰술
소금 약간

조리법

1. 메밀가루와 물을 1:1 비율로 섞어 전을 부치기 좋은 농도의 반죽을 만든다.
2. 계란 3개 중 2개를 풀어 소금 1꼬집을 넣고 계란물을 만들어 둔다.
3. 청고추·홍고추·당근·양파·쪽파를 적당한 크기로 썰어 준비한다.
4. 팬에 기름을 스프레이로 가볍게 뿌린 뒤 키친타월로 한 번 닦아내고, 약불로 달군다.
5. 팬 가운데에 메밀 반죽을 얇게 붓고, 그 위에 쪽파를 가지런히 올린 뒤 메밀 반죽과 계란물을 한 번 더 가볍게 둘러 재료가 서로 잘 붙도록 한다.
6. 새우·오징어·가리비를 넉넉히 올리고 계란물을 한 번 더 부어 준 뒤, 썰어 둔 당근과 청고추·홍고추를 올려 장식한다. 마지막으로 남은 계란 1개를 풀어 윗면에 한 번 더 둘러 전 전체가 단단히 엉기도록 한다.
7. 뚜껑을 덮고 약불에서 1분 30초 정도 천천히 익힌 뒤, 접시를 덮어 한 번에 뒤집어 반대쪽 면도 노릇하게 익히면 완성이다.

해물파전의 다이어트 & 건강 효과

이 해물파전에는 밀가루 대신 메밀가루가 들어간다. 메밀은 혈당을 낮추는 데 도움을 주는 곡물로 잘 알려져 있는데, 그 핵심 성분이 바로 '루틴'이다. 루틴은 혈당 조절에 도움을 줄 뿐 아니라 나쁜 콜레스테롤인 LDL을 낮추고 혈액 순환을 도와 순환기 건강에도 좋은 작용을 한다.

해물파전에 빠지지 않는 쪽파는 단순히 향만 더하는 부재료가 아니다. 몸에 좋은 영양소가 꽉 들어 있는 '슈퍼푸드급 채소'라고 할 수 있다. 특히 쪽파에 풍부한 알리신은 체지방 연소와 혈액순환을 돕기 때문에 건강 다이어트에 매우 잘 맞는 식재료다.

또 많은 사람들이 오징어·새우·가리비 같은 해산물에 콜레스테롤이 많다고 걱정하지만, 해산물에 들어 있는 콜레스테롤은 상대적으로 몸에 이로운 방향으로 작용하는 경우가 많다. 무엇보다 포화지방 함량이 낮고, 건강한 지방이 풍부하다는 점에서 적당량을 활용하면 좋은 단백질·영양 공급원이 된다.

해물파전의 건강 조리법

전을 만들 때 가장 걱정되는 부분은 바로 팬에 듬뿍 붓는 기름과 높은 온도다. 대개 전은 기름을 많이 두르고 강한 불에서 거의 튀기듯 구워야 바삭한 식감이 살아난다고 생각하기 쉽다. 하지만 이 과정에서 기름이 쉽게 변성되고, 몸에 해로운 물질이 생길 가능성도 높아진다.

이 레시피에서는 그 부분을 최소화했다. 메밀해물파전은 팬에 익히되 기름 사용을 최소화하는 것을 원칙으로 한다. 팬에 기름을 스프레이로 아주 얇게 뿌린 뒤 키친타월로 한 번 닦아 여분을 제거하고, 처음부터 끝까지 약불로 천천히 익힌다. 이렇게 하면 기름의 산화를 줄이면서도 겉은 바삭하고 속은 촉촉한 파전을 즐길 수 있다.

밀가루 NO! 당뇨와 다이어트 모두 잡은
건강 메밀해물파전 레시피

비 오는 날엔 왠지 전이 당긴다. 해물이 듬뿍 들어간 파전이라면 더할 나위 없지만, 건강 다이어트를 신경 쓰는 사람에게는 쉽게 시도하기 어려운 메뉴다. 혈당을 빠르게 올리는 밀가루에 기름까지 듬뿍 들어가니 부담이 될 수밖에 없다.

이런 점을 고려해 밀가루 대신 메밀가루를 쓰는 메밀해물파전을 개발했다. 이제 실제로 만들어 보자. 준비 재료는 쪽파 한 움큼, 계란 3개, 새우·오징어·가리비 같은 해산물 약간, 청양고추·홍고추, 당근, 양파다. 양파는 파전 자체보다는 소스 간장에 넣어 곁들이기 위해 사용한다.

먼저 물과 메밀가루를 1:1 비율로 섞어 전 부치기 좋은 걸쭉한 메밀 반죽을 만든다. 계란 3개 중 2개는 소금 1꼬집을 넣어 계란물로 풀어 두고, 남은 1개는 나중에 전 위에 한 번 더 둘러 결속력을 높이는 용도로 쓴다.

이제 고명처럼 쓸 채소를 손질한다. 청고추는 다듬어 잘게 다지듯 썰고, 홍고추는 모양이 살도록 송송 썬다. 당근은 채 썰어 준비한다.

파전을 부치기 전에 소스 간장을 먼저 만든다. 동네 파전집에서 흔히 보이는 것처럼 간장에 양파만 넣는 간단한 소스다. 간장 3/2~2큰술에 식초 1큰술, 물 1큰술을 섞고 잘게 썬 양파를 넣어 두면 파전을 찍어 먹기 딱 좋은 간장이 완성된다.

다음으로 파전의 주재료인 쪽파를 다듬는다. 뿌리와 지저분한 끝부분을 잘라내고 길이에 맞게 반으로 썰어 전 위에 가지런히 올릴 수 있도록 준비한다.

이제 팬을 약불로 달군 뒤, 기름을 스프레이로 가볍게 뿌리고 키친타월로 한 번 닦아준다. 팬 표면에 코팅 정도만 남기는 느낌이면 충분하다.

팬 가운데에 메밀 반죽을 얇게 붓고, 그 위에 쪽파를 겹겹이 올린다. 쪽파가 서로 잘 붙어 있도록 메밀 반죽과 앞서 만든 계란물을 한 번 더 살짝 둘러 준다.

그 위에 새우·오징어·가리비를 넉넉히 올린다. 해산물은 많이 넣을수록 식감과 풍미가

살아난다. 다시 계란물을 한 번 더 부어 재료가 단단히 엉기게 하고, 썰어 둔 당근채와 청고추·홍고추를 고르게 흩뿌려 색감을 살린다. 마지막으로 남겨둔 날계란 1개를 위에 한 번 더 둘러 윗면까지 단단하게 잡아 준다.

뚜껑을 덮고 약불에서 1분 30초 정도 천천히 익힌다. 이렇게 하면 타지 않으면서도 기름 없이 잘 익는다. 이제 반대쪽 면을 익힐 차례다. 접시를 파전 위에 덮고 한 번에 뒤집어 파전을 접시로 옮긴 뒤, 다시 그 접시를 팬 위에서 한 번 더 뒤집어 반대쪽 면을 팬에 내려놓으면 깔끔하게 뒤집을 수 있다.

반대쪽 면도 노릇노릇해질 때까지 익힌 후, 다시 접시에 담으면 건강 메밀해물파전 완성이다.

밀가루 없는 메밀해물파전은 메밀가루와 쪽파, 계란, 해산물, 채소가 듬뿍 들어간 영양 가득한 전이다. 파전을 먹기 좋게 자를 때는 칼보다 가위를 사용하는 편이 훨씬 수월하다. 한 조각 집어 소스 간장에 살짝 찍어 한 입 베어 물면, 밀가루 특유의 무거운 맛은 전혀 없이 파와 계란, 해산물이 어우러진 담백하고 고소한 맛이 입안 가득 퍼진다.

새우·오징어 같은 해산물이 들어가 있지만, 앞서 설명했듯 이 재료들은 오히려 건강 다이어트에 도움이 되는 단백질·영양 공급원이다. 메밀해물파전에는 고기가 전혀 들어가지 않고, 밀가루 내신 메밀을 시용해 탄수화물 부담도 일반 파전에 비해 훨씬 적다.

비 오는 날 파전이 절로 생각날 때, 이 메밀해물파전을 선택하면 맛있게 먹으면서도 체중 관리와 혈당 관리에 도움을 받을 수 있다. 한 접시로 비만·당뇨·입맛 세 가지를 한 번에 챙길 수 있는, 말 그대로 일석삼조의 건강 파전이다.

영상 보러가기

인기폭발 탱글탱글 잡채

탱글탱글 잡채는 말 그대로, 하루가 지나도 불지 않는 쫄깃한 잡채를 맛있게 즐길 수 있도록 만든 요리다. 당면과 각종 채소, 버섯, 고기가 어우러진 한국 대표 잔치 음식이지만, 제대로 만들면 건강식으로도 손색이 없다.

재료

당면 250g

잡채용 돼지고기 200g

당근 150g

불린 목이버섯 100g

파프리카 1/2개

표고버섯 100g(약 4개)

양파 200g(중간 크기 1개)

시금치 180g(반 단 정도)

참기름 2큰술

후춧가루 약간

고기 밑간 양념

- 진간장 3/2큰술
- 설탕 1큰술   - 맛술 1큰술
- 다진 마늘 1큰술
- 참기름 1큰술
- 후춧가루 약간

당면 양념

- 진간장 5큰술 - 물엿 5큰술
- 설탕 1큰술   - 굴소스 1큰술
- 식용유 3큰술

조리법

1. 돼지고기(잡채용) 200g에 진간장·설탕·맛술·다진 마늘·참기름·후춧가루를 넣고 골고루 주물러 밑간해 둔다.

2. 파프리카, 양파, 당근, 표고버섯은 모두 채 썰고, 시금치는 먹기 좋은 길이로 썬다.

3. 불린 목이버섯은 물기를 제거한 뒤, 먹기 좋은 크기로 찢어 둔다.

4. 당근 → 양파 → 파프리카 → 시금치 → 목이버섯 순서로 살짝씩만 볶아 넓은 그릇에 펼쳐 식힌다.

5. 마른 당면을 불리지 않고 끓는 물에 넣어 약 5분간 삶은 뒤, 채에 받쳐 찬물에 비벼 씻어 전분기를 제거하고 탱글탱글하게 준비한다.

6. 센 불에서 밑간한 고기와 표고버섯을 함께 볶아 고기의 수분이 거의 사라질 때까지 익힌다.

7. 당면을 넣은 뒤, 미리 섞어 둔 당면 양념을 모두 넣고 강불에서 양념이 배고 겉이 코팅될 때까지 볶는다.

8. 준비한 재료들을 모두 섞고, 참기름 2큰술과 후춧가루를 뿌려 한 번 더 버무려 준다.

탱글탱글 잡채의 다이어트 & 건강 효과

잡채의 주재료는 당면이다. 당면은 혈당지수GI는 높지 않지만 순수 탄수화물 식품이기 때문에 전체 섭취량과 칼로리를 의식할 필요가 있다. 그럼에도 불구하고 대부분의 당면은 글루텐이 없어 글루텐 민감증이나 셀리악병이 있는 사람에게는 오히려 적합한 탄수화물 공급원이 될 수 있다. 또 지방과 콜레스테롤이 거의 없고, 삶으면 수분을 흡수해 부피가 커지므로 비교적 적은 양으로도 포만감을 얻을 수 있다는 장점이 있다.

잡채의 진짜 강점은 '조합'에 있다. 당면만 잔뜩 먹으면 당연히 부담스럽지만, 잡채는 당면에 채소, 버섯, 고기가 함께 들어가 균형 잡힌 한 끼 식사로 만들 수 있다. 특히 이 레시피에는 목이버섯이 들어가는데, 목이버섯은 칼로리가 매우 낮으면서 식이섬유·철분·항산화 성분이 풍부한 버섯이다.

목이버섯에 풍부한 식이섬유는 포만감을 높이고 배변 활동을 도와 체중 관리에 유리하다. 철분은 빈혈 예방에 도움이 되며, 폴리페놀·베타글루칸·멜라닌 등의 항산화 물질은 체내 활성산소를 줄여 노화 속도를 낮추는 데 기여한다.

잡채에 들어가는 각종 채소(시금치, 파프리카, 양파, 당근 등)는 비타민·미네랄·항산화 물질이 풍부해 면역력과 혈관 건강을 돕고, 소량의 돼지고기는 단백질과 비타민 B군을 공급해 전반적인 영양 균형을 맞춰 준다.

탱글탱글 잡채의 건강 조리법

잡채는 전통적으로 모든 재료를 기름에 볶기 때문에, 조리 과정에서 기름 사용량을 줄이는 것이 건강 다이어트의 핵심이다. 이 레시피에서는 기름 사용 최소화 + 채소·버섯의 영양 보존을 동시에 고려했다.

시금치는 보통 데쳐서 찬물에 헹군 뒤 사용하지만, 이렇게 하면 수용성 비타민과 미네랄이 물에 녹아 나가 버리기 쉽다. 여기서는 무수분 조리를 활용한다. 물을 넣지 않고 생시금치를 팬에 그대로 볶아 숨만 죽여 사용하는 방식이다. 이렇게 하면 시금치의 영양 손실을 줄이고 식감도 살아난다.

고기를 조리할 때 버섯을 함께 볶는 것도 중요한 포인트다. 기름을 적게 쓰다 보면 고기가 팬에 들러붙어 타기 쉬운데, 버섯에서 나오는 수분이 자연스럽게 팬에 코팅막을 만들어 준다. 덕분에 기름을 많이 쓰지 않아도 고기가 덜 들러붙고, 버섯에는 고기 양념이 배어 풍미가 깊어진다. 고기의 맛과 버섯의 향이 서로 어우러져, 건강과 맛 두 가지를 동시에 잡는 일석이조의 조리법이다.

<h2 style="text-align:center; color:#e8552d;">하루가 지나도 절대 불지 않는
탱글탱글 잡채 레시피</h2>

잡채는 한국인의 잔칫날에 빠지지 않는 대표 메뉴다. 다이어트를 하는 중이라도 "오늘만큼은 잡채가 꼭 먹고 싶다"는 날이 있기 마련인데, 이 레시피는 그런 날을 위해 준비한, 하루가 지나도 잘 불지 않는 탱글탱글 잡채다.

먼저 잡채용 돼지고기 200g을 큰 볼에 담고 진간장과 설탕, 맛술, 다진 마늘, 참기름, 후춧가루를 넣어 잘 주물러 밑간해 둔다. 불고기 양념과 비슷한 구성이라 생각하면 이해하기 쉽다. 그리고 고기를 재워 두는 동안 채소를 손질한다. 파프리카는 양 끝을 잘라낸 뒤 한

쪽 면을 세로로 갈라 펼쳐 씨 부분을 통째로 도려내면 속씨를 깔끔하게 제거할 수 있다. 이렇게 펼친 파프리카는 길게 채 썰어 준비한다. 양파와 당근, 표고버섯도 모두 길게 채를 썰어 주는데, 오늘 잡채에 들어가는 채소는 거의 전부 채썰기라고 보면 된다. 시금치는 보통 데쳐 사용하지만, 여기서는 무수분 조리를 위해 깨끗이 씻어 물기만 털어 내고 덤성덤성 썰어 두었다가 생으로 팬에 바로 넣어 볶는다. 마른 목이버섯은 미리 충분히 불린 뒤 짤순이

나 손으로 물기를 최대한 짜 주고, 손으로 찢어 먹기 좋은 크기로 준비한다.

볶기 전에 넓고 깊은 팬을 사용하면 한 팬에서 순서대로 볶기 좋다. 팬에 기름을 살짝 두르고 먼저 가장 단단한 당근을 중불에서 소금 한 꼬집과 함께 살짝 볶는다. 당근이 조금 부드러워지면 양파와 파프리카, 시금치를 순서대로 넣어 볶고, 마지막에 물기를 뺀 목이버섯을 넣어 한 번

더 섞어 준다. 이때 채소는 숨이 살짝 죽는 정도까지만 볶는 것이 중요하다. 팬에서 내려 넓은 그릇에 펼쳐 놓으면 잔열로 한 번 더 익기 때문에, 너무 오래 볶으면 금세 물러지고 식감이 죽는다. 볶은 채소와 버섯은 넓게 펼쳐 식힌다.

이후 같은 팬을 가볍게 닦아낸 뒤, 기름을 스프레이로 아주 얇게 뿌려 코팅해 준다. 불을 강불로 올리고 밑간해 둔 돼지고기와 채 썬 표고버섯을 함께 넣어 빠르게 볶는다. 처음에는 고기에서 수분이 나오는데, 이 물이 완전히 졸아들어 팬 바닥에 국물이 남지 않을 때까지 충분히 볶아야 한다. 돼지고기는 속까지 완전히 익어야 하므로 이 과정을 대충 넘기지 않는 것이 좋다. 다 볶은 고기도 채소와 마찬가지로 따로 넓게 펼쳐 식혀 둔다.

이 레시피의 핵심은 당면이다. 마른 당면은 따로 불리지 않고 끓는 물에 바로 넣어 약 5분 정도 삶는다. 완전히 익히는 것이 아니라, 약간 덜 익었다 싶은 정도에서 건져내야 한다. 삶은 당면은 재빨리 찬물에 여러 번 비벼 씻어 겉에 붙은 전분을 깨끗이 없앤다. 이렇게 전분을 씻어 내면

당면이 서로 달라붙지 않고, 나중에 양념을 해도 탱글탱글한 식감이 오래 유지된다.

이제 불지 않는 잡채의 비밀 단계다. 팬에 식용유 3큰술을 두르고 물기를 뺀 당면을 넣은 뒤, 진간장 5큰술, 물엿 5큰술, 설탕 1큰술, 굴소스 1큰술을 미리 섞어 둔 양념을 한꺼번에 붓고 강불에서 볶는다. 살짝 덜 익어 있던 당면이 이 과정에서 완전히 익으면서, 겉면이 기름과 양념으로 코팅된다. 이 코팅 덕분에 시간이 지나도 당면이 추가로 수분을 흡수하지 않아 잘 불지 않고, 양념 맛은 속까지 고르게 배어든다. 팬 가장자리에서 양념 국물이 거의 사라지고, 당면이 투명하고 윤기 있게 변하면 잘 볶아진 상태다.

다음은 큰 볼에 볶아 둔 채소와 버섯, 고기, 양념한 당면을 모두 담아 장갑을 끼고 손으로 골고루 비벼 섞는다. 이때 당면이 끊어지지 않도록 세게 비비지 말고, 아래위로 뒤집듯

가볍게 섞어 주는 것이 좋다. 마지막으로 참기름 2큰술과 후춧가루를 넣어 한 번 더 살살 버무리면, 불지 않고 탱글탱글한 잡채가 완성된다. 한 입 먹어 보면 간이 딱 맞고, 쫄깃한 당면과 아삭한 채소, 돼지고기의 풍미가 어우러져 "이건 맛이 없을 수가 없다"는 말이 절로 나온다.

남은 잡채는 용기에 담아 냉장고에 보관한다. 다시 먹을 때는 참기름을 약간 더 둘러 전자레인지에 약 1분 정도만 데운다. 이때 중요한 점은 차가운 상태에서 젓가락으로 미리 풀어 헤치지 않는 것이다. 굳어 있는 상태에서 억지로 젓다 보면 당면이 잘 끊어진다. 먼저 데운 뒤 가볍게 한 번 섞어 주면, 다음 날은 물론 이틀, 사흘 뒤까지도 처음과 비슷한 탱글탱글한 식감을 유지한 잡채를 즐길 수 있다. 이렇게 만든 잡채는 잔칫날의 진한 맛은 그대로 살리면서 기름 사용은 줄이고 채소와 버섯의 영양은 살린, 다이어트와 혈당 관리에도 비교적 부담이 적은 '양심 덜 아픈' 잔치 음식이라 할 수 있다.

영상 보러가기

기름 없는 볶음김치 &김치볶음밥&삼각김밥

기름 없는 볶음김치는 볶음김치가 먹고 싶을 때 기름 사용을 최소화하면서도, 오히려 일반 볶음김치보다 더 맛있게 즐길 수 있도록 개발한 요리다.

재료

신김치 500g

대파 1/2대

양파 1/2개

청양고추 1개

식용유 2큰술 이내

고춧가루 1큰술

설탕 1큰술

참치액 2/3큰술

다진 마늘 1/2큰술

미림 1/2큰술

다시마 물 100mL

참기름 2큰술

조리법

1. 신김치는 양념과 국물을 적당히 털어내고 먹기 좋은 크기로 썰어 둔다.
2. 대파와 청양고추는 잘게 다지고, 양파는 큼직하게 썰어 준비한다.
3. 달군 팬에 식용유를 조금 두르고 파와 마늘을 넣어 파기름을 낸다.
4. 김치를 넣고 볶다가 고춧가루, 설탕, 참치액, 미림을 넣어 함께 볶는다.
5. 다시마 물을 붓고 뚜껑을 덮어 약불에서 푹 익힌다.
6. 마지막에 양파와 고추를 넣어 한 번 더 볶는다.
7. 불을 끄고 참기름을 둘러 섞은 뒤 접시에 담는다.
8. 완성된 볶음김치는 김치볶음밥, 삼각김밥 등 다양한 요리에 활용할 수 있다.

볶음김치의 다이어트 & 건강 효과

김치가 몸에 좋은 음식이라는 것은 이미 널리 알려져 있다.

김치는 칼로리 부담이 거의 없고 식이섬유가 풍부해, 건강 다이어트 식단의 기본 반찬으로 이상적이다.

또한 김치에는 락토바실러스균을 비롯한 다양한 유산균이 들어 있어 장 건강에 도움을 주고, 일부 연구에서는 지방 축적을 억제하고 인슐린 저항성을 개선하는 데에도 긍정적인 영향을 줄 수 있는 것으로 보고되고 있다.

김치 양념에 들어가는 마늘, 고춧가루, 생강 등은 대표적인 항산화·항염 식재료다. 이 성분들은 면역력을 증진시키고, 체내 염증 반응을 완화하며, 저속 노화에도 도움을 줄 수 있는 것으로 알려져 있다.

볶음김치의 건강 조리법

볶음김치의 핵심은 팬에 기름을 두르고 김치를 볶는 과정에 있다. 일반적으로는 김치가 팬에 눌어붙지 않고 깊게 볶아지도록 기름을 넉넉히 쓰는 경우가 많다. 이렇게 하면 맛은 좋지만, 자연스럽게 칼로리 부담과 산화지방에 대한 걱정이 따라온다.

건강 다이어트 요리에서는 이 방식을 그대로 따라갈 수 없기 때문에, 기름은 최소한으로 사용하고 '다시마 물'로 볶음과 조림을 겸하는 방식을 선택했다.

먼저 파기름을 낼 때 필요한 최소량의 기름만 사용해 향을 살린 뒤, 김치를 볶다가 익히는 단계에서는 기름 대신 다시마 물을 넣어 푹 익힌다. 이렇게 하면 기름 사용량을 줄이면서도 김치를 충분히 부드럽고 깊은 맛이 나게 익힐 수 있다.

기름 사용을 최소화하되, 다시마 물 덕분에 감칠맛은 살리고 산화지방 생성 위험은 줄이는, 일석이조의 건강 조리법이라고 할 수 있다.

한 번 맛보면 잊기 힘든 기름 없는 볶음김치 레시피

여러 반찬 중에서도 한국인 밥상에서 빠지면 서운한 것이 김치다. 그래서 어느 날은 생김치 대신 볶음김치가 유난히 생각나는 날이 있다. 하지만 볶음김치는 '기름을 듬뿍 두르고 볶는다'는 이미지 때문에, 건강과 다이어트를 신경 쓰는 사람에게는 선뜻 손이 가지 않을 수 있다. 이런 사람들을 위해 기름 사용을 최소화하면서도, 맛은 오히려 더 풍부한 기름 없는 볶음김치 레시피를 개발했다.

어떻게 기름에 튀기듯 볶지 않고도 맛집 못지않거나, 그보다 더 맛있는 볶음김치를 만들 수 있을까? 이제 그 비법을 차근차근 따라가 보자.

필요한 재료는 신김치 1/4포기(약 500g), 대파 1/2대, 양파 1/2개, 청양고추 1개, 식용유 2큰술 이내, 고춧가루 1큰술, 설탕 1큰술(황설탕 사용, 없으면 백설탕 사용 가능), 미림 1/2큰술, 참치액 2/3큰술, 다진 마늘 1/2큰술, 참기름 2큰술, 다시마 우린 물 100mL이다.

볶음김치에는 약간 신김치가 잘 어울린다. 먼저 김치를 썰기 전에 칼등으로 김치 겉에 붙어 있는 양념과 김칫국물을 살짝 긁어내 준다. 양념이 많으면 김치찌개에는 깊은 맛을 더해주지만, 볶음김치를 만들 때는 양념이 먼저 타면서 텁텁한 맛을 낼 수 있기 때문이다. 양념을 적당히 덜어낸 뒤에는 먹기 좋은 크기로 김치를 썰어 둔다. 집에 신김치가 없을 때는 간단히 '신김치 느낌'을 내는 방법이 있다. 김치에 식초 1/2큰술과 설탕 1큰술 정도를 넣어 잘 버무린 뒤, 중불에서 조금 더 오래 볶아주면 산미가 살아나면서 신김치 볶음 같은 맛을 낼 수 있다. 신김치는 특유의 깊고 진한 볶음맛이 나고, 적당히 익은 김치는 보다 담백하고 현대적인 맛이 나기 때문에 집에 있는 김치 상태에 따라 골라 쓰면 된다.

채소는 대파, 청양고추, 양파를 준비한다. 대파는 맛이 잘 우러나도록 송송 잘게 썰어 파기름 역할까지 겸하게 하고, 청양고추는 길게 네 등분한 뒤 씨를 살살 털어내고 잘게 썬다. 양파는 볶음김치와 함께 씹히는 식감을 살리기 위해 너무 잘게 썰지 말고 큼직하게 듬성듬성 썰어 둔다. 이렇게 하면 채소 준비는 끝이다.

이제 본격적으로 김치를 볶는다. 팬을 중불로 달군 뒤 식용유를 1큰술 남짓만 두르고, 준비해 둔 대파를 넣어 파기름을 낸다. 파기름은 중불에서 서서히 내야 타지 않고 향이 잘 살아난다. 파가 투명해지고 가장자리가 살짝 노르스름해질 때까지 볶아 준 뒤, 다진 마늘 1/2큰술을 넣어 함께 볶는다. 마늘도 반투명해지기 시작할 때까지 볶아주면 알싸한 향은 줄고 고소한 향이 올라온다. 이 과정이 볶음김치 맛의 기본 베이스가 된다.

파와 마늘의 향이 충분히 올라오면 썰어 둔 김치를 한꺼번에 넣는다. 김치가 어느 정도 숨이 죽을 때까지 잘 뒤집어가며 볶아 준 뒤, 고춧가루 1큰술, 설탕 1큰술, 참치액 2/3큰 술, 미림 1/2큰술을 차례로 넣고 다시 한 번 골고루 섞어 볶는다. 아삭한 식감의 볶음김치 도 나름의 매력이 있지만, 이 레시피의 목표는 잘 익어 부드러우면서도 깊은 맛이 나는 볶음 김치다. 따라서 시간이 조금 걸리더라도 김치를 충분히 볶아주는 것이 좋다. 이 단계에서는 양파와 고추는 아직 넣지 않는다. 양파와 고추는 나중에 넣어야 각자의 식감과 향이 살아 난다.

김치가 어느 정도 볶아졌다면 여기서 다시마 우린 물 100mL를 붓는다. 다시마 물을 쓰 는 이유는 두 가지다. 첫째, 김치를 푹 익혀 부드럽게 만들기 위해서이고, 둘째, 기름이 아 닌 물과 증기로 익혀 기름 사용을 줄이기 위해서다. 다시마 물을 넣은 뒤에는 뚜껑을 덮고 1~2분 정도 둔다. 기름을 거의 쓰지 않으면 김치가 팬 바닥에 쉽게 눌어붙고 타기 쉬운데,

뚜껑을 덮어 높은 습도를 유지해 주면 김치가 증기로 속까지 익으면서도 팬 바닥이 덜 타고, 기름을 적게 써도 충분히 잘 익게 된다. 볶는 도중 바닥이 살짝 타려는 느낌이 들면, 기름을 더 넣는 대신 다시마 물이나 물을 조금 더 보충해 주면 된다. 이렇게 하면 기름 양은 그대로 유지하면서도 김치를 부드럽게 익힐 수 있다.

김치가 충분히 푹 익어 맛이 배었다고 느껴지는 시점, 대략 김치가 2/3~3/4 정도 익었다고 느껴질 때 양파와 청양고추를 넣는다. 양파를 처음부터 넣으면 양파의 식감이 완전히 사라지고 단맛만 남기 쉬운데, 볶음김치에서는 양파 특유의 아삭함과 단맛이 함께 어우러지는 맛을 살리는 편이 좋다. 그래서 김치가 충분히 익어갈 즈음에 양파를 넣어 짧게 볶아주는 것이다.

양파와 고추가 살짝만 익어 향이 올라오면 불을 끄고, 마지막으로 참기름 2큰술을 둘러 전체를 한 번 더 섞어 준다. 참기름 대신 들기름을 넣어 보기도 했지만, 여러 번 비교해 본 결과 볶음김치에는 참기름이 더 잘 어울린다는 결론에 이르렀다. 들기름 특유의 고소함도 좋지만, 이 레시피에서는 참기름 향이 김치와 더 자연스럽게 어우러진다.

이렇게 해서 기름 사용은 최소화했지만, 풍미는 오히려 더 깊은 기름 없는 볶음김치가 완성된다. 한 입맛을 보면 "조미료도 안 넣고, 기름도 이렇게 적게 썼는데?" 싶은데, 시판 볶음김치보다 더 맛있다고 느껴질 정도다.

김치볶음밥 만들기

볶음김치가 맛있게 완성되면, 자연스럽게 다음 욕심이 생긴다. 바로 김치볶음밥이다. 김치볶음밥은 사실 간단하다. 잘 만들어 둔 볶음김치와 밥만 있으면 되기 때문이다.

1. 완성된 볶음김치를 도마에 올려 한 번 더 잘게 다지듯 썰어 준다.
2. 팬을 중불로 달군 뒤, 식용유를 아주 살짝만 두른다.
3. 잘게 썬 볶음김치를 팬에 넣고 한 번 달달 볶아 준다.
4. 여기에 밥을 넣는데, 갓 지은 밥보다 약간 식은 밥이 더 잘 어울린다. 다만 식은 밥은 덩어리가 잘 풀리지 않으니, 눌러 누르지 말고 주걱으로 톡톡 찍어 가르듯이 계속 풀어 준다.

이때 밥이 들어갔기 때문에 간을 한 번 더 맞춰줄 필요가 있다. 볶음밥 양념에는 굴소스가 잘 어울린다. 굴소스 1/2큰술 정도만 넣어주면 본연의 깊은 감칠맛이 더해지면서 간도 딱 맞는다.

기름을 넉넉히 쓰면 볶음밥이 더 쉽게 볶아지긴 하지만, 이 레시피에서는 기름을 최소화하는 대신 불 조절과 주걱질로 승부를 보는 셈이다. 그렇게 해서 완성된 볶음밥은, 고열량을 줄이면서도 풍미는 충분히 살린 건강 김치볶음밥이다.

마지막으로 불을 끄고 참기름 1/2큰술 정도를 둘러 가볍게 비벼 주면, 참기름 향이 솔솔 올라오는 김치볶음밥이 3분 만에 완성된다.

삼각김밥 만들기

김치볶음밥을 그릇에 담아 그냥 먹어도 충분히 맛있지만, 여기서 한 걸음 더 나아가 삼각 김밥으로 만들어 먹을 수도 있다.

1. 먼저 삼각김밥을 만들 수 있는 전용 틀을 준비한다.
2. 틀 안에 김치볶음밥을 적당량 넣고, 설명서에 나와 있는 순서대로 꾹꾹 눌러 모양을 잡는다.
3. 김과 포장지를 이용해 마무리하면 우리가 편의점에서 보던 삼각김밥이 완성된다.

완성된 삼각김밥을 포장지에서 꺼내 한 입 베어 물면, 편의점 삼각김밥과 비슷한 듯하면 서도 훨씬 더 고소하고 풍부한 맛이 난다.

볶음김치의 깊은 맛, 굴소스로 간을 맞춘 김치볶음밥, 마지막을 완성하는 참기름 향까 지. 시판 삼각김밥과는 비교가 안 되는 집에서 만드는 건강 삼각김밥이다.

기름을 최소로 줄인 볶음김치 하나만 잘 만들어 두면, 이렇게 김치볶음밥과 삼각김밥까지 이어지는 완전한 한 끼 식사를 건강하게 즐길 수 있다.

당뇨와 다이어트를 신경 쓰는 사람도, 크게 부담 없이 마음껏 먹을 수 있는 메뉴다.

영상 보러가기

양배추 물김치

양배추 물김치는 한국인의 대표적인 밑반찬인 물김치를 양배추로 응용해 만든 요리다. 일반 배추 물김치보다 위와 장에 더 부담이 적고, 시원하게 즐길 수 있는 천연 소화제라 할 수 있다.

재료

양배추 1/2통
오이 2개
홍고추 1개
청양고추 1개
쪽파 1/3줌
사과 1개
양파 1/2개
마늘 6쪽
생강 1/3톨
매실청 50mL
까나리액젓 1큰술
찹쌀가루풀

조리법

1. 양배추와 오이, 쪽파, 홍고추를 먹기 좋은 크기로 썰어 둔다.
2. 양배추와 오이는 소금에 절여 둔다.
3. 냄비에 물을 붓고 찹쌀가루를 풀어 찹쌀풀을 만든 뒤 식힌다.
4. 사과, 양파, 청양고추, 마늘, 생강, 까나리액젓, 매실청을 믹서기에 넣고 곱게 간다.
5. 김치통에 절인 양배추와 오이를 담고 간 재료를 부은 뒤, 쪽파와 홍고추를 올리고 마지막으로 찹쌀풀을 부어 마무리한다.

양배추 물김치 건강 & 다이어트 정보

양배추 물김치에는 양배추와 오이가 듬뿍 들어간다.

양배추는 위 점막을 보호하고 위산을 완화해 위를 편안하게 해주는 대표적인 채소다. 식이섬유도 풍부해 장 운동을 도와 변비 개선, 포만감 유지에도 도움이 된다.

오이는 수분 함량이 매우 높아 갈증 해소에 좋고 열량이 낮아 다이어트 식품으로 적합하다. 특히 당뇨 환자에게 부담이 적은 간식 대용 채소로 자주 추천된다.

그리고 사과를 껍질째 넣는데, 사과 껍질에는 플라보노이드가 풍부하다. 플라보노이드는 강력한 항산화·항염·항암 작용을 하는 물질로 알려져 있다. 사과와 양배추를 함께 섭취하면 두 식재료에 들어 있는 유익한 성분들이 서로 상승 작용을 해 흡수에 도움이 된다고 보고되어 있어, 양배추 물김치에 사과를 함께 넣는 것이다.

우리가 배추 물김치를 즐겨 먹는 이유는 시원함, 달콤함, 아삭거리는 식감 때문이다. 배추로 만든 물김치도 충분히 맛있고 시원하지만, 양배추는 위를 부드럽게 보호하고, 더 촘촘한 식이섬유로 포만감과 장 건강에 유리한 점이 있다. 그래서 "앞으로 물김치는 배추보다 양배추로 담가야 하지 않을까" 싶을 정도다.

게다가 우리가 만드는 물김치에는 사이다, 설탕, MSG가 들어가지 않는다. 소금도 최소한으로만 사용해 부담을 줄였다.

양배추 물김치 건강 조리법

양배추 물김치에는 일반적으로 많이 쓰는 새우젓 대신 까나리액젓을 사용한다. 새우젓을 써도 무방하지만, 까나리액젓은 맛이 더 깔끔한 편이다. 까나리액젓은 까나리를 발효시키며 단백질이 분해되어 아미노산으로 전환되기 때문에 감칠맛을 극대화하고, 전체 맛의 균형을 자연스럽게 잡아주는 장점이 있다.

또한 설탕 대신 매실청을 넣는다. 매실청은 소화를 촉진하고, 발효에 필요한 당을 공급해 물김치가 보다 안정적으로 맛있게 익도록 도와준다. 매실 속의 유기산 성분은 다른 재료들을 신선하게 유지하는 데에도 도움을 주기 때문에, 단맛과 풍미, 보존성을 동시에 챙길 수 있다.

여기에 들어가는 찹쌀풀의 전분은 발효 과정에서 젖산균의 먹이가 되는 중요한 원료다. 찹쌀풀이 국물을 약간 걸쭉하게 만들어 채소에 양념이 잘 달라붙게 하고, 발효를 촉진해 풍미를 깊게 해주므로, 약간 번거롭더라도 꼭 넣어주는 것이 좋다.

<h2 style="text-align:center">천연 소화제
양배추 물김치 초간단 레시피</h2>

양배추는 위 건강에 특히 좋아, 속이 시원하게 풀리는 천연 소화제 물김치를 만들 수 있다는 장점이 있다.

들어가는 재료는 크게 세 가지로 나눌 수 있다. 본 재료는 양배추 1/2통과 오이, 홍고추, 쪽파 등이고, 믹서로 갈아낼 재료는 사과와 양파, 청양고추, 마늘, 생강, 까나리액젓, 매실청, 찹쌀풀이 들어간다. 여기에 생수와 소금을 더하면 재료 준비는 끝이다.

먼저 양배추를 먹기 좋은 크기로 썬다. 이때 양배추 심을 제거할 때 손이 다치지 않도록 조심해야 한다. 폭 3cm 안팎이 되도록 가로·세로로 썰어 주면 모양도 단정하고 먹기도 편하다. 썰어 둔 양배추는 소금에 절인다. 그리고 물 200mL에 소금 3/2큰술을 넣어 소금물을 만든 다음, 양배추에 부어 약 40분 정도 절여 주는데, 이때는 물과 소금을 따로 넣는 것보다 소금물을 먼저 만들어 부으면 간이 훨씬 더 고르게 배어든다.

다음은 오이 손질이다. 오이는 초록색 껍질은 그대로 사용하고 속의 씨만 숟가락으로 도려내어 제거한다. 씨를 남겨두면 나중에 쉽게 물러져 아삭한 식감이 떨어지기 때문이다. 오이는 세로로 반을 가른 뒤 다시 한 번 반을 갈라 4등분한 후 한입 크기로 썰어 준다. 썬 오이에도 소금 1/2큰술 정도를 넣어 조물조물 버무린 뒤 30~40분 정도 그대로 두어 절인다.

홍고추와 쪽파는 마지막에 색과 향을 더해 줄 재료다. 홍고추는 반으로 갈라 씨를 빼고

채 썰 듯 썰어 둔다. 홍고추는 청양고추보다 껍질이 조금 더 질기기 때문에 자를 때 미끄러지지 않도록 주의한다. 쪽파는 5cm 정도 길이로 썰어 놓으면 물김치 속에서 보기에도 좋고 먹기도 편하다.

이제 찹쌀풀을 만든다. 먼저 물 200mL에 찹쌀가루 1큰술을 넣고 덩어리가 생기지 않도록 충분히 풀어 둔다. 이 찹쌀물을 냄비에 붓고 약불에서 끓이면서 계속 저어 주면, 점점 끓어오르면서 살짝 걸쭉해지는데 이때 불을 끄고 완전히 식힌다. 물김치나 김치에 찹쌀풀을 넣는 이유는 국물을 약간 점성이 있게 만들어 채소에 맛이 잘 달라붙게 하고, 발효 과정에서 유산균의 먹이가 되어 풍미를 더 깊게 만들어 주기

때문이다.

찹쌀풀이 식는 동안 믹서에 들어갈 양념 국물을 준비한다. 믹서에 사과 1개, 양파 1/2개, 청양고추 1개, 마늘 5~6쪽, 생강 1/4~1/3톨 정도, 까나리액젓 1큰술, 매실청 50mL, 물 1컵가량을 함께 넣고 약 40초 정도 곱게 갈아 준다. 사과와 양파가 단맛과 향을 더해 주고, 매실청은 상큼한 단맛과 함께 발효를 도와주는 역할을 한다.

이제 물김치를 담을 김치통을 준비한다. 먼저 소금에 절여 둔 양배추와 오이를 절임 물과 함께 김치통에 넣는데, 이때 절인 국물을 버리지 않는 것이 중요하다. 절이는 동안 이미 양배추와 오이에 적당한 간과 풍미가 배어 있기 때문이다. 그 위에 믹서에 갈아 둔 양념 국물을 체에 한 번 걸러 부어 준다. 섬유질이 많은 재료를 그대로 넣으면 국물이 탁해지고, 우리가 원하는 청량하고 맑은 물김치 느낌이 줄어들 수 있기 때문이다. 체에 남은 건더기는 물을 조금씩 부어 가며 꼭꼭 눌러 짜내듯 걸러 주면 재료의 맛을 충분히 우려낼 수 있다. 이때 추가로 붓는 물까지 모두 합쳐, 들어가는 물의 총량은 대략 1.5L 정도가 적당하다. 양배추와 오이, 양념이 섞였을 때 이 정도 비율로 맞추면 가장 알맞은 간이 나온다.

마지막으로, 미리 썰어 둔 쪽파와 홍고추를 위에 올려 색감을 더하고, 완전히 식힌 찹쌀풀을 골고루 부어 준다. 이렇게 하면 양배추 물김치가 완성된다. 여름철이라면 실온에서 약 6시간, 겨울철이라면 실온에서 12시간 정도 둔 뒤 냉장고에 넣어 하루 정도 더 숙성시키면 맛이 한층 더 깊어진다.

잘 익은 양배추 물김치를 맛보면 국물이 짜지도 달지도 않으면서 향긋하고 개운하다. 겨울철에는 동치미 대신 1컵씩 벌컥벌컥 마셔도 좋을 정도다. 건더기인 양배추와 오이는 아삭아삭하면서도 속이 편안해지는 느낌을 준다. 물김치는 어렵다고 느끼는 사람이 많지만, 이 레시피대로만 따라 하면 누구나 집에서 위에 좋은 천연 소화제 양배추 물김치를 손쉽게 담가 볼 수 있을 것이다.

영상 보러가기

팽이버섯 계란전

팽이버섯 계란전은 입맛이 없을 때 입맛을 돋우는 반찬용 건강 다이어트 요리다. 밀가루를 쓰지 않고 기름 사용을 최소화해, 살찔 걱정 없이 가볍게 즐길 수 있는 메뉴다.

재료

팽이버섯 1봉
계란 3개
소금 1꼬집
후추 1꼬집
대파 또는 쪽파 약간
색깔 고추 5개(취향껏 선택)

조리법

1. 팽이버섯 밑동을 잘라내고 가볍게 씻은 뒤 물기를 빼 둔다. 계란을 풀어 소금, 후추로 간해 계란물을 준비한다.
2. 고추는 2cm 길이로 통째로 자르고 안쪽의 씨를 제거해 원통 모양으로 만든다.
3. 팽이버섯을 적당한 가닥 수로 나누어 고추 원통 안에 끼운다.
4. 팬을 약불로 달군 뒤 기름을 아주 살짝 두른다.
5. 고추에 끼운 팽이버섯을 팬에 가득 올려 앞뒤로 한 번씩만 가볍게 구워 초벌한다.
6. 초벌한 팽이버섯을 꺼내어 색깔별로 가지런히 팬에 다시 올리고, 위에 계란물을 고루 붓는다.
7. 약불에서 아랫면을 먼저 익힌 뒤 뚜껑을 덮어 윗면까지 익힌다. 마지막으로 송송 썬 대파 또는 쪽파를 올려 마무리한다.

팽이버섯 계란전의 다이어트 & 건강 효과

팽이버섯은 저칼로리이면서 식이섬유가 풍부해 다이어트와 건강 관리에 아주 좋은 식재료다. 맛은 순하고 식감은 아삭해서 다이어트 시 탄수화물 일부를 대체하는 재료로도 활용할 수 있다.

팽이버섯 100g당 열량은 약 30kcal 이하로 매우 낮은 편이지만, 불용성 식이섬유가 풍부해 장 운동을 촉진하고 노폐물 배출과 장내 유해균 억제에 도움을 준다.

특히 팽이버섯에는 에르고티오네인이라는 항산화 물질이 들어 있어 세포 노화 방지에 도움이 될 수 있다. 또 동물 실험에서는 팽이버섯에 함유된 리놀레산, 키토산 성분이 지방 대사 촉진에 도움을 줄 수 있다는 연구 결과도 보고된 바 있다.

팽이버섯 계란전의 건강 조리법

전 요리에서 가장 걱정되는 부분은 기름에 부쳐야 한다는 점과, 밀가루나 부침가루를 사용한다는 점이다. 기름과 밀가루는 건강 다이어트를 방해하는 대표적인 요소이고, 당뇨를 걱정하는 사람들에게는 더 큰 부담이 된다.

그래서 팽이버섯 계란전은 밀가루를 전혀 쓰지 않고, 기름도 최소량만 사용하는 조리법을 택한다. ‘이래도 맛이 날까?’ 싶지만, 음식의 맛은 재료 선택과 조리 기술에 따라 충분히 좌우된다. 밀가루 없이, 기름을 최소로 쓰면서도 일반 계란전 못지않게, 오히려 더 담백하고 가벼운 맛을 낼 수 있다.

포만감·맛·영양 만점에 20kg 순삭?
팽이버섯 계란전 레시피

집에서 매일 먹는 반찬이 물려 입맛이 떨어질 때가 있다. 이럴 때 간단히 만들어 입맛을 살려 줄 수 있는 반찬이 바로 팽이버섯 계란전이다. 기름은 아주 적게, 밀가루는 전혀 쓰지 않고 팽이버섯과 계란만으로 만드는 전이라, 건강 다이어트를 하는 사람도, 당뇨를 걱정하는 사람도 비교적 부담 없이 즐길 수 있다.

팽이버섯 계란전에 들어가는 재료는 팽이버섯과 계란, 소금과 후추, 대파(또는 쪽파), 그리고 색깔 고추가 전부다.

먼저 고추를 손질한다. 팽이버섯을 꽂을 수 있도록 단단한 부분이 필요하므로 고추를 통째로 2cm 정도 길이로 자른 뒤, 젓가락 등을 이용해 안의 씨를 제거해 원통 모양으로 만든다. 고추를 다듬어 보면 청고추보다 홍고추가 조직이 더 질기고 잘 잘리지 않지만, 홍고추의 선명한 색이 전의 포인트가 되므로 함께 사용하는 것이 좋다.

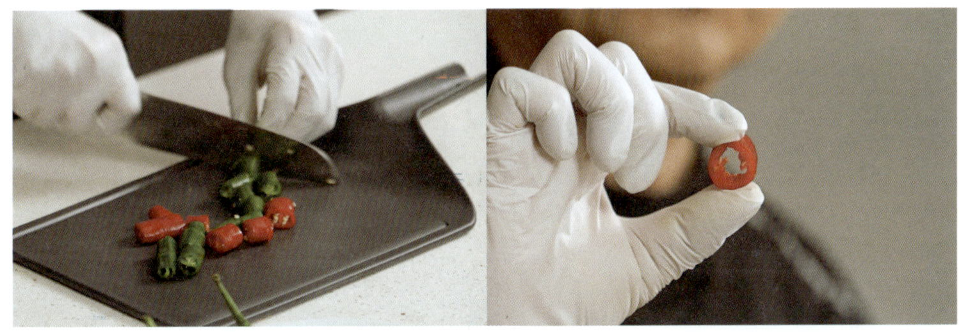

다음으로 팽이버섯은 밑동을 잘라 떼어낸 뒤, 씨를 제거한 고추 원통 안에 들어갈 만큼씩 나누어 끼운다. 이 과정은 모양도 예쁘고 손으로 직접 만들어 보는 재미도 있어 아이들과 함께 해도 좋다. 요리를 함께 하다 보면 아이들도 흥미를 느끼고, 자신이 만든 전은 스스로 더 잘 먹게 된다. 팽이버섯을 좋아하지 않는 아이들에게 건강한 버섯을 먹일 수 있는 좋은 기회가 되기도 한다. 이렇게 약 15개 정도를 만들면 팽이버섯 계란전 준비가 끝난다.

입버릇처럼 이야기하지만, 다이어트를 오래 지속하려면 배를 든든하게 채워 줄 '건강한 음식'이 필수다. 이때 살찌기 쉬운 밥이나 빵 대신 이런 건강 다이어트 요리로 접시를 채우면 포만감은 유지하면서 체중 관리와 건강을 동시에 챙길 수 있다.

이제 본격적으로 부쳐 보자. 가장 바삭한 식감을 내려면 밀가루나 부침가루를 묻힌 뒤 계란물과 빵가루를 입혀 기름에 튀기듯 부치는 방식이 있다. 하지만 우리의 목표는 '건강 다이어트'이므로, 바삭함은 조금 양보하고도 충분히 맛있게 먹을 수 있는 방법을 택한다.

계란 3개를 풀고 소금, 후추를 각각 1꼬집씩 넣어 계란물을 만든다. 팬을 달군 뒤 중약불로 낮추고, 기름은 스프레이 오일을 사용해 얇게 뿌리듯 최소한만 두른다. 여기에 준비해 둔 고추 속 팽이버섯을 팬에 가득 올려 한 면이 노릇해질 때까지 살짝 굽고, 한 번만 뒤집어 반대쪽도 가볍게 초벌한다. 이후 계란물과 함께 다시 익힐 것이기 때문에, 이 단계에서는 속까지 완전히 익히기보다 모양을 잡는다는 느낌으로만 구워주면 된다.

초벌을 마친 팽이버섯은 한 번 꺼내 접시에 잠시 둔 뒤, 색깔별로 보기 좋게 팬에 다시 가지런히 올린다. 그 위에 계란물을 골고루 붓고 약불에서 천천히 익힌다. 이때 불이 너무 세면 계란이 울퉁불퉁 부풀어 오르고 금세 갈색으로 타기 쉽기 때문에, 처음부터 끝까지 약불을 유지하는 것이 중요하다. 예쁜 노란색과 고추의 색을 살리고 싶다면 반드시 약불에서 조리해야 한다.

아랫면이 어느 정도 익었을 때 뒤집고 싶어지지만, 무리하게 뒤집으면 모양이 흐트러질 수 있다. 대신 뚜껑을 덮어 2분 정도 두면 윗면까지 수증기로 자연스럽게 익어 굳이 뒤집을 필요가 없다. 계란은 약간 촉촉한 상태가 더 맛있기 때문에, 완전히 바짝 굳히지 않아도 충분하다.

이제 팽이버섯 계란전 위에 송송 썬 대파나 쪽파를 살짝 뿌려 접시에 옮기면, 밀가루 없는 팽이버섯 계란전이 완성된다. 나이프로 피자처럼 조각 내어 먹어 보면, 안쪽의 팽이버섯과 알록달록한 고추가 포인트가 되어 눈으로도, 입으로도 즐거운 반찬이 된다.

팽이버섯 계란전은 응용 폭도 넓다. 팽이버섯 대신 잘게 썬 양배추를 사용하면 양배추전, 애호박을 사용하면 애호박전, 두부를 넣으면 두부 계란전 등으로 다양하게 변형해 즐길 수 있다. 보다 다양한 레시피는 유튜브 '지식한상' 채널에서 '임상진'을 검색하면 영상으로도 만나볼 수 있다.

영상 보러가기

두부계란전

두부계란전은 집에서 단백질 반찬이 먹고 싶을 때 쉽게 만들어 먹을 수 있는 요리다. 여기에서는 건강 다이어트에 조금 더 중점을 두면서도 담백하게 즐길 수 있는 두부계란전을 만들어 보았다.

재료

계란 3개

두부 반 모

대파 반 단

소금 3꼬집

조리법

1. 먼저 계란 3개를 풀어 다진 파를 넣고 소금으로 간한다.
2. 넓은 접시에 두부 반 모를 통째로 넣고, 위에 계란 푼 물을 붓는다.
3. 숟가락으로 두부를 잘게 으깨 계란물과 고루 섞어 준다.
4. 팬을 약불로 달군 뒤 기름을 살짝 두르고, 두부계란물을 모두 붓는다.
5. 한쪽 면이 익으면 접시를 이용해 뒤집어 팬에 다시 올리고, 반대쪽도 노릇하게 익도록 굽는다.

두부계란전 건강 정보 & 건강 조리법

두부계란전에는 두부 못지않게 계란이 많이 들어간다. 계란은 대표적인 완전식품으로, 건강에도 좋고 다이어트 식단에도 활용하기 좋다. 무엇보다 내가 안과 전문의로서 계란을 좋아하는 이유는 눈 건강에 좋은 루테인이 풍부하기 때문이다. 계란은 하루에 하나 이상 먹으면 좋지 않다는 속설이 있지만, 연구에 따르면 건강한 성인의 경우 하루 3개 정도까지는 큰 무리가 없다는 결과도 적지 않다.

두부야말로 내가 당뇨를 관리하고 다이어트를 할 때 가장 자주 찾았던 주 단골 메뉴였다. 두부는 식물성 단백질이 풍부하고, 이소플라본이 많아 골다공증 예방에도 도움을 줄 수 있다. 식이섬유도 꽤 들어 있어 포만감을 오래 유지시켜 주기 때문에 다이어트 식단에 잘 맞는다. 예전에 다이어트와 당뇨를 함께 관리할 때는 밥그릇에 단백질은 많이 담고 탄수화물은 줄이는 것이 가장 큰 목표였는데, 그 기준을 충족시켜 준 대표적인 식재료가 바로 두부였다.

두부계란전을 약불에서 익히면 속도가 다소 느려 답답하게 느껴질 수 있다. 이럴 때 뚜껑을 덮어 조리하면 수증기 덕분에 팬 안의 온도가 높아져 더 빨리 익고, 전의 식감도 부드러워지는 장점이 있다. 이렇게 하면 기름을 아주 적게 쓰면서도 맛있게 익힐 수 있어 건강과 다이어트 두 측면에서 유리하다.

이번 두부계란전 조리 과정에서는 일반적인 팬 조리 방식을 사용하지만, 기름은 최소한으로만 쓰고, 불도 약불로 유지했기 때문에 건강 다이어트를 하는 입장에서도 크게 부담되지 않는 조리법이다.

건강하고 맛있고 간단한
두부계란전 초간단 레시피

밑반찬을 너무 채소 위주로만 먹다 보면, 가끔은 단백질이 유난히 땡길 때가 있다. 이럴 때 두부와 계란만 있다면 5분이면 뚝딱 만들 수 있는 단백질 반찬이 바로 두부계란전이다.

바쁜 현대인을 위해 영양 만점 다이어트 두부계란전을 초간단 버전으로 만들어 보자. 재료는 계란 3개, 두부 반 모, 대파 반 단, 소금 3꼬집이 전부다. 그야말로 최소 재료로 만드는 레시피다.

먼저 계란 3개를 풀어 소금 3꼬집을 넣고 잘 섞어 둔다. 다음으로 대파를 다듬는데, 그대로 다져도 되지만 세로 방향으로 여러 겹 칼집을 넣은 뒤 가로로 썰면 훨씬 쉽게 잘게 다질 수 있다. 파는 잘게 다질수록 향이 골고루 퍼지기 때문에 충분히 잘게 다져, 계란물에 넣고 섞는다.

그다음 적당히 넓은 그릇에 두부를 넣고 위에 계란물을 부어 준 뒤, 숟가락으로 두부를 으깬다. 으깨는 방법은 특별할 것 없이 숟가락으로 꾹꾹 눌러 주면 되고, 두부가 어느 정도 덩어리감 있게 남아 있어도 괜찮다.

두부계란 반죽이 준비되면 팬을 약불로 달군다. 계란 요리는 가능한 한 약불에서 조리해야 타지 않고 색이 곱게 나온다. 팬에 기름을 두를 때는 건강 다이어트가 목적이니 얇게만 둘러 주고, 키친타월로 한 번 닦아내듯 쓸어 주어 남은 기름만 활용하는 정도로 맞춘다. 그런 다음 준비한 두부계란 반죽을 모두 팬에 붓는다.

두부는 일부러 완전히 곱게 으깨지 않고 덤성덤성 남겨두는 편이 좋다. 이렇게 해야 먹을 때 사각사각 씹히는 식감이 살아나고, 밥 없이 먹어도 '무언가를 씹는다'는 느낌이 있어 포만감이 더 잘 유지된다. 실제로 두부계란전은 밑반찬으로도 훌륭하지만, 밥 대신 먹어도 좋은 메뉴다. 나 역시 과거에 밥 대신 아침 식사로 두부계란전을 자주 먹었다. 그때도 두부를 너무 곱게 으깨지 않고 덩어리감을 남겨두면, 밥을 먹는 듯한 느낌이 조금이라도 나서 심리적으로도 도움이 됐다.

한쪽 면이 어느 정도 익었을 때는 접시를 이용해 뒤집으면 안전하다. 팬 위에 접시를 엎어 놓은 뒤 팬과 접시를 함께 뒤집어 전을 접시로 옮기고, 다시 팬에 살짝 미끄러뜨려 옮기면 모양이 흐트러지지 않는다. 완전히 익힌 뒤 접시에 담을 때도 같은 방식으로 옮기면 전이 부서지지 않고 예쁘게 담긴다.

이렇게 해서 두부계란전이 완성된다. 단백질 반찬이 땡길 때 한 조각 집어 먹으면 입맛이 다시 살아나고, 든든하게 배를 채워 주는 느낌이 있어 아주 좋다. 그냥 통째로 뜯어 먹어도 되지만, 먹기 좋게 가로·세로 3등분 정도로 잘라 두면 한 입 크기로 집어 먹기 편하다.

두부계란전은 밑반찬으로도 훌륭하지만, 건강 다이어트를 해야 하는 사람에게는 밥 대신 한 끼 식사로 활용해도 충분하다. 단백질과 식물성 영양소가 함께 들어 있어, 부담 없이 든든하게 먹을 수 있는 다이어트용 단백질 메뉴가 되어 줄 것이다.

영상 보러가기

고소한 버섯들깨탕

버섯들깨탕은 여름철 보양식이 먹고 싶을 때도 칼로리 걱정 없이 건강하게 즐길 수 있도록 만든 요리다. 버섯의 풍부한 영양과 들깨의 고소함을 동시에 즐길 수 있는 최상의 건강 다이어트 음식이다.

재료

버섯 500~700g(종류는 취향껏)
들기름 3큰술
국간장 2큰술
우엉 50g
양파 1/4개
부추 50g
다시마 물 1L
다진 마늘 1큰술
다진 파 2큰술
소금 1/2큰술
멸치액젓 1큰술
들깨가루 6큰술
메밀가루 3큰술

조리법

1. 버섯은 종류를 섞어 사용하되, 먹기 좋은 비슷한 크기로 손질해 준비한다.
2. 우엉은 껍질을 벗기고 감자칼로 얇게 저며 썰어 물에 담가둔다.
3. 준비한 버섯에 들기름, 국간장 등으로 미리 밑간을 해둔다.
4. 부추와 양파는 버섯 크기에 맞춰 썰어 둔다.
5. 냄비를 가열하고 들기름을 조금 두른 뒤 다진 파와 마늘을 넣어 중약불에서 파기름을 낸 후, 물기를 뺀 우엉을 넣고 볶아 준다.
6. 우엉이 어느 정도 익으면 버섯을 넣고 다시마 물을 부어 끓인다.
7. 들깨가루와 메밀가루를 다시마 물에 곱게 개어 냄비에 넣고, 부추와 양파를 넣어 한소끔 더 끓인 뒤 소금과 멸치액젓으로 간을 맞추면 완성이다.

버섯들깨탕의 다이어트 & 건강 효과

버섯들깨탕에는 무엇보다 버섯이 넉넉하게 들어간다. 버섯에는 항암 성분으로 알려진 베타글루칸이 풍부해 면역세포를 활성화하고 감염에 대한 방어력을 높여 준다.

또 다른 성분인 에리타데닌은 혈중 콜레스테롤을 낮추고 심혈관질환을 예방하는 데 도움을 주는데, 특히 표고버섯에 많이 들어 있다. 이 밖에도 버섯에는 비타민 C, 비타민 E, 셀레늄, 폴리페놀 등 항산화 물질이 가득해 활성산소를 줄이고 세포 손상을 막아 피부 탄력에도 도움이 된다.

들깨에는 알파리놀렌산이 풍부한데, 이는 오메가3의 한 종류로 혈중 콜레스테롤을 낮추고 동맥경화를 예방하는 데 중요한 역할을 한다.

폐경기 여성은 에스트로겐 감소로 심혈관질환 위험이 높아지는데, 오메가3가 이러한 위험을 줄이는 데 도움을 준다. 들깨가 갱년기에 좋은 식재료로 꼽히는 이유다.

알파리놀렌산은 호르몬 균형을 돕기 때문에 안면홍조, 불면, 기분 변화 등 갱년기 증상 완화에도 도움을 줄 수 있다. 여기에 들깨에 풍부한 비타민 E와 불포화지방산은 피부에 수분과 탄력을 더해 주어, 갱년기 증상 완화뿐만 아니라 피부 건강까지 함께 챙길 수 있는 재료라 할 수 있다.

버섯들깨탕의 건강 조리법

버섯들깨탕에서 가장 주의해야 할 부분은 파기름을 내는 과정이다. 파를 기름에 볶는 과정에서 지방 산화가 일어날 수 있기 때문이다.

이를 줄이기 위해 들기름 사용량을 최소화하고, 중약불에서 파와 마늘을 볶아 향만 살린 뒤 우엉을 넣어 함께 볶는다.

또 하나의 포인트는 버섯을 따로 기름에 볶지 않는 것이다. 일반적인 버섯들깨탕은 버섯을 기름에 볶아 쓰는 경우가 많은데, 여기에서는 버섯에 미리 들기름과 국간장으로 밑간을 해 두어 따로 볶는 과정을 생략했다.

이렇게 하면 기름 사용량을 줄이면서도 국물에 고소한 맛과 깊은 향이 자연스럽게 우러나와, 건강에도 유리하고 맛도 더 좋아진다.

혈관 튼튼, 갱년기 극복을 돕는
고소한 버섯들깨탕 레시피

여름철 기력이 떨어지면 으레 보양식을 떠올리게 된다. 하지만 대부분의 보양식은 영양만큼이나 열량도 높아 혈관과 혈압 걱정에 선뜻 손이 가지 않을 때가 많다.

버섯들깨탕은 갱년기 여성, 혈관·혈압이 걱정되는 중장년층도 부담 없이 먹을 수 있도록 만든 저칼로리 보양식이다.

사용하는 버섯은 느타리버섯, 표고버섯, 새송이버섯, 미니 새송이버섯, 팽이버섯 등 취향껏 골라 섞어 쓰면 된다. 여기에 부추, 양파, 우엉이 들어가고, 국물에 들깨가루와 메밀가루가 들어간다.

원래 들깨탕이나 삼계탕에는 찹쌀가루를 넣어 쫀득한 질감과 묵직한 맛을 내지만, 찹쌀은 일반 쌀가루보다 열량도 높고 혈당지수도 매우 높다. 당뇨가 있는 사람이 먹기에는 부담스러운 재료다. 그래서 여기에서는 찹쌀가루 대신 메밀가루를 사용한다. 메밀가루는 열량이 비교적 낮고 루틴 같은 유익한 성분이 들어 있어 건강에 더 유리하다.

양념으로는 들기름, 국간장, 다시마 물, 다진 마늘, 소금, 멸치액젓 등을 사용한다.

먼저 버섯을 손질한다. 느타리버섯은 뿌리 부분 흙 묻은 곳을 잘라내고 깨끗이 씻은 뒤 먹기 좋게 찢어 준비한다. 새송이버섯도 한입 크기로 썰고, 팽이버섯은 밑동을 잘라 가닥을 나눈다. 버섯들은 가능한 한 크기를 비슷하게 맞춰 두면 보기에도 좋고 익는 시간도 일정해진다.

우엉은 감자칼로 그냥 벗겨내면 껍질과 함께 좋은 성분까지 두껍게 잘려나가기 쉽다. 수

세미로 껍질 부분을 문질러 씻은 뒤, 칼로 살살 긁어 껍질만 벗기는 것이 좋다. 우엉이 없으면 생략해도 되지만, 우엉을 넣게 되면 국물 맛이 훨씬 깊어지고 아삭한 식감이 더해져 훨씬 좋다.

손질한 우엉은 감자칼로 빗질하듯 얇게 저며 썰어내면 나중에 먹기 좋은 두께가 된다. 썰어 둔 우엉은 아린 맛을 빼기 위해 다른 재료를 준비하는 동안 물에 담가둔다.

이제 버섯에 밑간을 한다. 큰 볼에 준비한 버섯을 담고 들기름 2큰술, 국간장 2큰술을 넣어 골고루 무쳐 준다. 가볍게 무쳐 주기만 해도 숨이 죽으면서 양이 줄어드는 것이 느껴진다. 이 과정 덕분에 나중에 따로 볶지 않아도 버섯에 간이 잘 배고, 기름도 훨씬 적게 쓸 수 있다.

다음으로 다진 마늘과 다진 파를 준비하고, 부추와 양파는 주재료인 버섯 크기에 맞춰 썰어 둔다. 보조 재료의 크기를 주재료와 비슷하게 맞추면 먹을 때 식감이 훨씬 좋다.

이제 냄비에 불을 켜고 들기름 1큰술을 두른 뒤, 다진 마늘과 파를 넣어 중약불에서 볶아 파기름을 낸다. 마늘과 파가 투명해지며 향이 올라오기 시작할 때, 물에 담가 두었던 우엉을 건져 물기를 빼고 가장 먼저 넣어 볶아 준다. 그 이유로 우엉은 재료 중 가장 단단하기 때문이다.

우엉이 어느 정도 익으면 양파와 밑간해 둔 버섯을 모두 넣는다. 버섯은 이미 양념이 배어 있기 때문에 강하게 볶을 필요는 없다. 그 상태에서 다시마 물을 부어 준다. 끓이는 시간은 대략 5분 정도면 충분하다. 이때 다시마 물의 일부는 나중에 들깨가루와 메밀가루를 개는 데 사용할 것이므로 조금 덜어 둔다.

들깨가루 6큰술과 메밀가루 2큰술을 그릇에 넣고, 다시마 물 약 100mL를 부어 걸쭉해질 때까지 고루 섞어 풀어 준다. 카레 가루를 미리 물에 개듯이 덩어리 없이 부드럽게 푸는 것이 중요하다.

여기서 다시마 물을 따로 쓰는 이유를 짚고 넘어가 보자. 다시마 물은 국물 요리에 감칠맛을 더해 주는 기본 육수다. 물 1L에 다시마 10g 정도를 넣고 우려내면 되는데, 냉수에서는 약 8시간, 온수에서는 15분 정도 우리면 충분하다. 다시마 10g은 성인 손바닥보다 약간 큰 크기라고 생각하면 이해하기 쉽다. 이렇게 만든 다시마 물 1L 중 100mL 정도는 들깨가루와 메밀가루를 개는 데 사용하고, 나머지는 냄비에 그대로 부어 끓이면 된다.

미리 풀어 둔 들깨·메밀가루 반죽을 보글보글 끓는 냄비에 카레 풀 듯이 조금씩 넣어가며 저어 준다. 넣는 순간 국물 색이 하얗게 변하며 들깨 특유의 고소한 향이 풍겨 나온다.

여기에 준비해 둔 부추와 팽이버섯을 넣고, 후춧가루를 뿌린 뒤 마지막으로 멸치액젓으로 간을 맞춘다. 앞서 국간장이 들어갔기 때문에 액젓은 맛을 보면서 조금씩 넣어 짜지 않게 조절하는 것이 좋다. 이렇게 한 번 더 끓여 1분 정도 지나면 버섯들깨탕 완성이다.

갱년기 여성들에게 좋고, 기력 회복에도 도움이 되는 한여름 보양식, 고소한 버섯들깨탕이 완성됐다. 과연 맛은 어떨까? 한 숟갈 떠먹는 순간 "와, 브라보!"라는 감탄이 절로 나올 만큼 고소한 맛이 입안을 가득 채운다. 표고버섯 향이 진하게 퍼지고, 우엉은 아삭하게 씹히며, 각종 버섯의 식감이 어우러져 마치 입안에 작은 버섯 정원이 펼쳐지는 느낌이다.

여름철 입맛이 없고 지칠 때, 갱년기 증상으로 불편함을 느끼는 사람들, 또 심혈관질환이 걱정되는 이들에게 특히 추천한다. 버섯들깨탕 한 냄비면 기분도 좋아지고 몸까지 한결 가벼워지는, 그야말로 일석이조의 효과를 누릴 수 있을 것이다.

영상 보러가기

아삭아삭 콩나물무침

콩나물무침은 한국인의 대표적인 밑반찬이다. 여기에서는 건강 다이어트에 조금 더 초점을 맞추면서도 아삭한 식감을 살릴 수 있는 콩나물무침을 만들어보았다.

재료

콩나물 500g

다시마(큰 것) 2장

참기름 1큰술

액젓 1큰술

간 마늘 1/2큰술

맛소금 1꼬집

깨소금 1큰술

대파 흰 부분 1/3대

고춧가루 1~2큰술

조리법

1. 콩나물을 깨끗이 씻어 다시마 2장과 함께 냄비에 담고 물을 부어 삶는다.

2. 4분 정도 끓인 뒤 다시마를 건져내고, 콩나물을 체에 받쳐 곧바로 찬물에 헹군다.

3. 물기를 털어낸 콩나물을 볼에 담아 가장 먼저 참기름을 넣어 고루 코팅한다.

4. 여기에 맛소금, 액젓, 간 마늘, 깨소금, 송송 썬 대파를 넣고 살살 버무리면 흰색 오리지널 콩나물무침이 완성된다.

5. 완성된 콩나물무침의 절반을 다른 볼에 덜어 고춧가루를 넣고 다시 한 번 버무리면 매콤한 콩나물무침이 완성된다.

콩나물무침 건강 정보 & 건강 조리법

콩나물은 우리 식탁에서 가장 흔하게 볼 수 있는 재료이지만, 칼로리는 낮고 단백질과 식이섬유, 비타민이 풍부해 건강 다이어트에 매우 유리한 식품이다.

무엇보다 콩나물에 들어 있는 콩 성분은 식물성 단백질을 공급해 주기 때문에 영양은 높이면서도 포만감을 오래 유지시키는 데 도움을 준다. 수분 함량과 식이섬유가 많아 적은 칼로리로도 배를 든든하게 채울 수 있어 다이어트 식품으로 손색이 없다.

콩나물에는 비타민 C가 풍부해 노화 방지와 면역력 강화에 도움을 주며, 아스파라긴산이 많아 피로 해소에도 유익하다.

콩나물무침처럼 나물을 만드는 조리 과정에서 특별히 건강에 해를 끼칠 만한 부분은 거의 없다. 다만 양념을 할 때 정제 소금과 설탕을 과하게 사용하지 않는 것이 중요하다. 이 레시피에서는 소금 사용을 최소화하고, 액젓과 깨소금, 참기름으로 감칠맛과 고소함을 살렸다.

콩나물무침 초간단 레시피

집에서 간단히 만들 수 있는 첫 번째 밑반찬으로, 인생 반찬이 될 만한 아삭아삭 콩나물무침을 만들어 보자.

필요한 재료는 콩나물 500g, 다시마 큰 것 2장, 참기름 1큰술, 액젓 1큰술, 간 마늘 1/2큰술, 맛소금 1꼬집, 깨소금 1큰술, 송송 썬 대파 약간이면 충분하다.

요즘 시판 콩나물은 예전에 비해 손질이 잘 되어 나와 몇 번만 헹궈도 바로 사용할 수 있다. 깨끗이 씻은 콩나물은 데치는 과정이 중요한데, 이때 아삭함을 살리는 작은 팁이 필요하다.

먼저 냄비에 생수를 붓고 끓인 뒤 콩나물을 모두 넣는다. 물의 양은 콩나물을 넣었을 때 윗부분이 약간 드러나는 정도면 충분하다. 콩나물 자체에서도 수분이 나오기 때문에 완전히 잠기지 않아도 잘 익는다. 여기에 다시마 두 장을 넣고 함께 끓인다.

이때 다른 나물처럼 소금을 넣는 경우가 있는데, 콩나물은 줄기가 아주 연해서 소금을 넣고 삶으면 세포막이 쉽게 파괴되어 오히려 질겨질 수 있다. 따라서 콩나물을 데칠 때는 소금을 넣지 않고, 다시마만 1~2장 넣어 감칠맛만 더해주는 것이 좋다.

약 4분 정도 끓인 뒤 뚜껑을 열어 콩나물이 투명하게 익었는지 확인한다. 다 익었으면 다시마를 건져내고 콩나물을 체에 붓고, 곧바로 찬물에 헹군다. 찬물에 식혀 주지 않으면 남은 열로 계속 익어버려 아삭함이 사라질 수 있다.

이렇게 식힌 콩나물을 한 줄기 맛보면 완전히 아삭아삭한 식감이 살아 있는 것을 느낄 수 있다.

이제 양념만 더하면 된다. 볼에 담긴 콩나물에 참기름을 먼저 넣어 코팅해 준다. 이렇게 하면 나중에 소금이나 액젓이 콩나물 속으로 깊게 스며들지 않아 과하게 짜지지 않으면서도 고소한 맛을 살릴 수 있다.

그다음 액젓 1큰술을 넣고, 간을 맞추기 위해 맛소금을 아주 조금 더한다. "몸에 좋은 천일염을 두고 왜 맛소금을 쓰냐"고 할 수 있지만, 굵은 소금은 아무리 잘 버무려도 어느 부분은 짜고 어느 부분은 싱거운 문제가 생긴다. 그래서 균일한 간을 위해 소량의 맛소금을 사용하는 것이다. 양을 많이 쓰지 않으니 크게 걱정하지 않아도 된다.

여기에 간 마늘 1/2큰술과 깨소금 1큰술을 넣는다. 깨소금은 고소한 풍미를 더해 주며, 통깨를 그대로 쓰거나 살짝 빻은 것을 사용해도 좋다. 대파 흰 부분 1/3대는 송송 썰어 넣

어 향을 더해 준다. 참기름은 취향에 따라 조금 더 추가해도 괜찮다.

이제 손으로 살살 버무려 주면 하얗고 담백한 오리지널 콩나물무침이 완성된다. 식당에서 먹던 맛있는 콩나물무침이 이렇게 간단하다고 믿기 어려울 정도다. 한 입 먹어 보면 자연스럽게 "와…" 하는 감탄사가 나올 것이다.

여기서 한 번 더 응용해 보자. 완성된 콩나물무침을 반 정도 다른 그릇에 덜어낸 뒤, 고춧가루를 기호에 따라 1~2큰술 넣고 다시 고루 버무린다. 그러면 매콤하고 아삭한 빨간 콩나물무침을 즐길 수 있다.

이렇게 해서 담백하고 고소한 흰색 오리지널 콩나물무침, 그리고 매콤한 빨간 콩나물무침이 완성된다. 서로 다른 조리법은 한 번에 두 가지 맛을 즐길 수 있어 식탁이 훨씬 풍성해지고, 건강 다이어트 반찬으로도 손색이 없다.

영상 보러가기

쫀득쫀득 애호박 볶음

애호박 볶음은 건강에 좋은 한국인의 대표 밑반찬 요리다. 여기에서는 조금 더 건강 다이어트에 초점을 맞추고, 쫄깃한 식감을 살려 즐길 수 있는 애호박 볶음을 만들어 보았다.

재료

애호박 2개

새송이 버섯 2개

느타리 버섯 2개

홍고추 3개

양파 1개

대파 1개

천일염 1/2작은술

식용유 3큰술

간마늘 1큰술

간장 2큰술

설탕 1큰술

참기름 1/2큰술

새우젓 2큰술

굴소스 1큰술

조리법

1. 애호박은 7mm 두께로 썰어 천일염을 뿌려 2분간 가볍게 절여 둔다.
2. 대파는 송송 썰어 다지고, 새송이·느타리버섯과 양파, 홍고추는 먹기 좋은 크기로 썬다.
3. 팬을 중불로 달군 뒤 식용유를 두르고 간마늘과 파를 넣어 파기름을 낸다.
4. 파기름이 나면 애호박과 양파를 넣고 볶다가, 어느 정도 숨이 죽으면 버섯류를 넣고 한 번 더 볶는다. 이때 중약불로 줄이고 뚜껑을 덮어 김으로 속까지 익힌다.
5. 애호박과 버섯이 알맞게 익으면 참기름, 간장, 설탕, 새우젓, 굴소스를 넣고 고루 버무리듯 볶아 마무리한다.

애호박 볶음 건강정보 & 건강 조리법

애호박은 칼륨이 풍부해 나트륨 배출을 도와 고혈압의 예방과 관리에 효과적이다. 식이섬유도 많아 콜레스테롤 수치 개선에 도움을 주므로, 혈압 조절과 심혈관 건강에 유리한 채소라고 할 수 있다.

또 애호박은 열량이 낮고 지방은 거의 없으면서 섬유소가 많아, 조금만 먹어도 포만감을 주는 다이어트 식품이다. 소화가 잘되는 편이라 변비 해소에도 도움을 준다.

안과의사인 내가 애호박에서 특히 주목하는 부분은 눈 건강에 좋은 루테인과 지아잔틴이 풍부하다는 점이다. 지아잔틴은 눈의 망막, 특히 중심 시력을 담당하는 황반 부위에 존재하는 카로티노이드 색소 중 하나로, 루테인과 함께 섭취했을 때 노화 관련 황반변성 진행을 늦추는 데 유리하다는 연구 결과들이 있다. 따라서 애호박은 황반변성 예방에 매우 좋은 채소라고 볼 수 있다.

애호박에는 피로 예방에 도움을 주는 성분도 들어 있고, 비타민 C와 베타카로틴이 함유되어 있어 노화 방지와 면역력 향상에도 긍정적이다. 이뇨 작용을 촉진해 체내 수분과 염분을 소변으로 배출하는 데 도움을 주므로 부종 완화에도 좋다. 흔히 "호박이 붓기를 빼준다"라고 하는데, 애호박 역시 같은 작용을 한다. 혈당지수도 낮아 혈당 조절에 도움을 줄 수 있는, 말 그대로 무지무지 좋은 채소다.

애호박 볶음을 만들 때 건강 측면에서 특히 신경 써야 할 부분은 '기름에 볶는 과정'이다. 이 레시피에서는 기름 사용을 최소화하고, 뚜껑을 덮어 김으로 익히는 방식을 병행해 기름 사용량을 줄였다. 양념에 설탕이 들어가지만, 설탕이 부담된다면 알룰로스나 올리고당 등으로 충분히 대체할 수 있다.

고혈압·황반변성에 좋은
쫀득쫀득 애호박 볶음 레시피

애호박 볶음은 우리나라 대표 밑반찬 가운데 하나다. 보통은 애호박을 그냥 기름에 볶아 만들지만, 여기에서는 애호박을 조금 더 쫀득하고 입에 착 달라붙는 식감으로 즐길 수 있는 '황금 애호박 볶음' 레시피를 소개하고자 한다.

재료는 애호박, 새송이 버섯, 느타리 버섯, 홍고추, 대파, 양파가 기본이다. 양념으로는 간장, 설탕, 천일염, 고춧가루, 참기름, 간마늘, 새우젓, 굴소스가 필요하다.

먼저 애호박을 손질한다. 양 끝을 잘라 낸 뒤 반으로 갈라 7mm 정도 두께로 썰어 준다. 애호박 볶음을 할 때 이 정도 두께가 가장 적당하다. 너무 두꺼우면 퍽퍽해지고, 너무 얇으면 쉽게 물러진다.

애호박을 그냥 볶으면 수분(약 90%)이 그대로 나와 질척거리고 물컹해지기 쉽다. 그래서 이 레시피에서는 자른 애호박에 천일염을 1작은술보다 조금 적게 뿌려 2분 정도 가볍게 절여 준다. 이렇게 하면 애호박이 부드러워지면서도 나중에 간장이나 마늘 같은 양념이 훨씬 잘 배어든다.

대파는 송송 썰어 잘게 다지고, 새송이 버섯은 애호박과 비슷한 두께로 썬다. 느타리 버섯은 밑동을 잘라낸 뒤 손으로 먹기 좋은 크기로 찢어 준비한다.

홍고추는 청고추 대신 사용하는데, 주재료가 초록색인 애호박이기 때문에 빨간색 고추가 색감을 살려준다. 홍고추는 반으로 갈라 씨를 빼고 약간 길게 채 썰듯 썰어 준다. 양파

역시 길게 채 썰어 준비하면 된다. 이렇게 하면 기본 재료 손질은 끝난다.

절여 둔 애호박은 키친타월 위에 쏟아 올린 뒤 살짝 짜서 수분을 빼준다. 이 과정을 거치면 애호박이 훨씬 쫀득해지고 식감도 좋아지며, 양념도 더 잘 스며든다.

이제 볶는 단계다. 불은 중간 불이나 중약불이 적당하다. 팬에 식용유를 조금만 두른 뒤 먼저 파와 간마늘로 파기름을 낸다. 파기름을 낼 때 센 불을 쓰면 파와 마늘이 금방 타기 때문에, 중약불로 천천히 볶아 파와 마늘이 살짝 투명해지며 향이 올라올 때까지 익힌다.

파기름이 완성되면 애호박과 양파를 한꺼번에 넣고 볶는다. 일반적으로는 기름을 넉넉히 두르고 계속 볶지만, 이 레시피에서는 기름을 아주 적게 쓰기 때문에 중간에 뚜껑을 덮어 약간의 스팀으로 재료를 익히는 방식을 쓴다. 애호박과 양파를 한 번 뒤섞어 준 뒤 뚜껑을 덮고 약 1분 정도 두었다가 뚜껑을 열어 버섯들을 넣고 다시 한 번 볶는다. 이때도 버섯이 잘 익도록 한 번 더 뚜껑을 덮어 준다.

재료가 알맞게 익으면 이제 양념을 한다. 먼저 참기름 1큰술을 둘러 향을 더하고, 간장 1큰술을 넣어 기본 간을 맞춘다. 설탕 1큰술을 넣어 단맛을 보태는데, 설탕이 부담된다면 알룰로스나 올리고당으로 바꿔 사용해도 좋다. 고춧가루는 1/2큰술 정도 넣되, 매운맛을 좋아한다면 기호에 따라 더해도 무방하다. 여기에 새우젓 2큰술을 넣어 깊은 감칠맛을 더하고, 채 썰어 둔 홍고추를 넣어 색과 식감을 살린다. 마지막으로 굴소스를 1/2큰술만 넣어 전체 맛을 한 번 더 끌어올린다. 굴소스는 감칠맛과 깊은 풍미를 내는 데 아주 효과적이다.

이렇게 양념을 모두 넣은 뒤에는 팬에서 한 번 더 고루 볶아 양념이 애호박과 버섯에 잘 배도록 해 준다.

완성된 애호박 볶음의 맛은 어떨까? 한 입 먹어 보면 "진짜 맛있다"라는 말이 절로 나온다. 밥이 저절로 떠오를 정도로 탁월한 밥반찬이다. 고혈압에도 좋고, 눈 건강과 당뇨 관리에도 도움을 줄 수 있는 애호박 볶음, 여러분도 꼭 한 번 만들어 보길 바란다.

급찐급빠! 디톡스가 필요할 땐?

어느 날 갑자기 뱃살이 깊게 잡히고, 혈압과 혈당이 걱정되기 시작하면 입맛부터 뚝 떨어진다. 더 이상 평소대로 먹었다간 정말 큰일 나겠다는 생각이 든다. 이럴 때 "건강하게 살 빼면서 혈압·혈당도 함께 관리할 수 있는 음식은 없을까?" 하는 고민이 자연스럽게 따라온다. 다행히, 이런 순간에 건강을 회복하고 체중 감량까지 함께 노려볼 수 있는 레시피가 있다.

영상 보러가기

고혈압·당뇨, 항암까지 걱정 끝!
양배추 당근라페
&샌드위치&샐러드

양배추 당근라페는 급하게 건강과 다이어트가 걱정될 때, 비교적 안심하고 넉넉하게 먹을 수 있도록 고안한 요리다. 양배추와 당근이 어우러진 산뜻하고 고소한 맛을 즐기면서도 열량은 낮게, 포만감은 충분히 유지할 수 있다.

재료

당근 600g

양배추 1/2통(약 600g)

소금 2꼬집

스테비아 2큰술

레몬즙 1큰술

겨자 1/2큰술

들기름 3큰술

후춧가루 1꼬집

조리법

1. 당근은 흙·먼지만 살살 깎아낸 뒤, 흐르는 물에 깨끗이 씻어 채 썬다.
2. 양배추는 겉잎을 떼고 반으로 갈라 물에 약 5분 담갔다가 헹구고, 가늘게 채 썬다.
3. 큰 볼에 채 썬 당근과 양배추를 넣고 소금을 뿌려 골고루 버무린 뒤, 20분간 절인다.
4. 절여진 양배추와 당근을 손으로 가볍게 짜서, 나온 국물과 함께 다시 볼에 담는다.
5. 스테비아, 레몬즙, 겨자, 들기름, 후춧가루(필요하면 다진 마늘 약간)를 넣고 잘 버무린다.
6. 완성된 양배추 당근라페를 유리병에 담아 반나절 상온에 두었다가 냉장 보관하며 먹는다.

양배추 당근라페 건강정보 & 건강 조리법

'라페râpé'는 프랑스어로 '강판에 간', '채 썬'이라는 뜻을 가진 말이다. 우리에게는 주로 당근라페(라페 드 카롯Carottes râpées)라는 샐러드 형태로 잘 알려져 있다. 채소를 라페 형태로 만들어두면 먹기 쉽고, 자연스럽게 양도 더 많이 먹게 된다는 장점이 있다. 채소 섭취량이 늘어날수록 건강과 다이어트에는 모두 유리하니 그야말로 일석이조다.

양배추와 당근의 건강 효능은 앞에서 여러 번 언급했지만, 핵심만 다시 짚어 보자. 양배추에는 위 점막을 보호하는 성분으로 알려진 비타민 U가 풍부해 위와 소화 건강에 아주 좋다. 동시에 설포라판과 같은 항암 성분도 포함되어 있어 암 예방 측면에서도 의미 있는 식재료라 할 수 있다.

당근에는 눈 건강에 중요한 베타카로틴이 매우 풍부하다. 베타카로틴은 체내에서 비타민 A로 전환되어 시력 보호에 도움을 줄 뿐 아니라, 항산화 작용을 통해 노화 속도를 늦추는 데도 기여한다. 이런 당근을 양배추와 함께 섭취하면 저열량·고식이섬유·고영양 조합이 완성되어, 건강하게 체중을 줄이는 데 이상적인 구성이라고 할 수 있다. 그래서 양배추와 당근을 한 번에 많이 먹을 수 있는 형태로 양배추 당근라페를 개발한 것이다.

한 가지 더 짚고 넘어갈 부분은 당근 껍질이다. 많은 사람이 습관처럼 껍질을 두껍게 깎아 버리지만, 껍질에는 비타민 A와 베타카로틴, 칼슘, 아연, 각종 미네랄이 집중되어 있다. 이 레시피에서는 당근 껍질을 전부 제거하기보다, 주름진 부분의 흙과 이물질만 얇게 제거하고 나머지는 껍질째 사용하는 방식을 택한다. 이렇게 해야 당근 껍질의 영양을 최대한 온전히 섭취할 수 있다.

고혈압·당뇨·항암까지 고려한
양배추 당근라페 레시피

건강하게 식단을 관리하다가도 어느 순간 리듬이 무너지면, 먹고 싶은 대로 먹다가 다시 살이 찌고 건강에 적신호가 들어오는 경험을 하게 된다. 이때 "이대로는 안 되겠다"는 마음이 들면서, 급하게라도 건강 다이어트식으로 식단을 전환하고 싶어진다. 그럴 때 활용하기 좋은 대표 메뉴가 바로 양배추 당근라페다. 이름만 들어도 건강해질 것 같은 양배추와 당근을 중심으로 만들었기 때문에, 심리적인 부담 없이 식사를 라페로 대체해 보는 것도 좋은 방법이다.

양배추 당근라페의 재료는 단순하다. 기본이 되는 양배추와 당근에, 소금·스테비아·레몬즙·겨자·들기름·후춧가루 등 소스 재료만 더해주면 된다. 앞서 말했듯 당근은 껍질의 영양을 살리기 위해 주름진 부분의 흙과 먼지만 살짝 깎아 내고, 나머지는 흐르는 물에 깨끗이 씻어 사용한다.

양배추를 씻는 방법을 두고는 의견이 갈리기도 한다. 양배추 속까지 농약이 켜켜이 배어 있다고 생각해 전부 다 씻어내야 한다는 사람도 있고, 반대로 양배추는 바깥에서 안쪽으로 말려 들어가며 자라기 때문에 속 잎에는 농약이 잘 스며들지 않는다고 말하는 사람도 있다. 실제로는 후자의 설명에 더 가깝다. 그렇다고 해서 아무렇게나 사용해도 된다는 뜻은 아니라, 뿌리 부분에 묻은 흙과 이물질은 반드시 잘라내고, 겉껍질 몇 장은 아깝다고 생각하지 말고 과감히 떼어 내는 것이 좋다. 그다음 양배추를 반으로 갈라 물에 약 5분간 담가 두는데, 양배추가 물 위로 떠오르지 않도록 무거운 것을 올려 눌러 주면 더 잘 씻겨 나온다.

당근은 채칼을 이용해 길고 가는 채로 썰어 준다. 당근라페는 채가 어느 정도 길어야 씹는 맛이 살아나기 때문에 너무 잘게 썰지 않는 것이 좋다. 채칼을 사용할 때 마지막 남은 끝부분은 손을 다치기 쉬우니, 무리하게 밀어 넣기보다 어느 정도 남긴 채 중단하는 편이 안전하다.

　양배추는 채칼이나 칼을 이용해 취향대로 채 썰 수 있다. 양배추는 당근보다 칼로 썰어도 상대적으로 수월하기 때문에, 손에 익은 방법을 선택하면 된다. 이렇게 채 썬 당근과 양배추를 볼에 담고, 소금을 넣어 절일 차례다. 소금의 양은 당근 300g당 소금 1작은술(약 3g)을 기준으로 잡는다. 이번 레시피에서는 당근 600g에 양배추 반 통이 들어가므로, 약 12g 정도의 소금을 사용한다. 물을 따로 붓지 않고 소금만 넣어 골고루 조물조물 버무린 뒤 20분 정도 두면 된다.

　잠시 후 놀라운 장면을 만나게 된다. 산처럼 쌓여 있던 양배추와 당근이 절이는 과정에서 숨이 죽으면서 절반 이하로 줄어든 모습이다. 손으로 살짝 짜 보면 생각보다 많은 양의 물이 나오는데, 소금을 과하게 넣지 않았다면 이 국물은 짜지 않으면서 각종 미네랄과 수용성 비타민이 녹아든 귀한 국물이다. 따라서 이 절임 국물은 버리지 않고 그대로 양념의 바탕으로 사용한다.

　여기에 스테비아를 넣어 단맛을 더해 준다. 스테비아는 천연 유래 제로 칼로리 감미료라 설탕 대신 비교적 안심하고 쓸 수 있다. 큰 숟가락 기준 스테비아 2큰술을 넣고, 레몬즙 1큰술을 더해 산뜻함을 보완한다. 레몬즙이 없다면 식초로 대체해도 무방하다. 여기에 연겨자를 약 1/3작은술 정도 넣어 향을 더하고, 들기름을 3큰술 넣어 고소함을 살린다. 이때

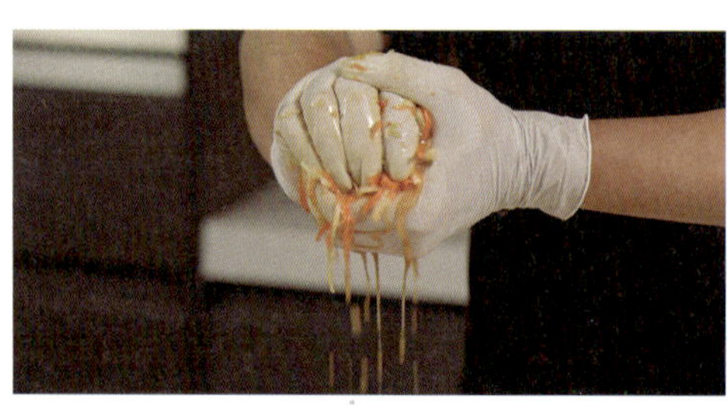

들기름은 양배추 당근라페의 풍미를 좌우하는 중요한 재료다. 마지막으로 후춧가루와 다진 마늘을 약간 넣고, 다시 한 번 골고루 버무려 준다. 중간중간 살짝씩 짜 주면 숨이 더 빠져 맛이 한층 깊어진다.

　모든 재료가 잘 어우러졌다면 기본 조리 과정은 이미 끝난 셈이다. 완성된 라페는 장아찌를 담글 때 사용하는 것과 비슷한 형태의 유리병에 나누어 담는다. 뚜껑을 닫고 반나절 정도 상온에 두었다가 냉장고에 넣어 보관하면, 약 2주일 동안 시원하게 먹을 수 있다.

　이렇게 완성된 양배추 당근라페를 한 젓가락 입에 넣어 보면, 먼저 들기름 향이 부드럽게 퍼지고, 연겨자와 레몬즙, 스테비아(또는 알룰로스) 등이 어우러진 맛이 입안을 채운다. 부담 없이 즐길 수 있는 건강 다이어트식으로 손색이 없다.

양배추 당근라페 샌드위치

　양배추 당근라페는 그대로 먹어도 충분히 맛있지만, 조금 더 색다르게 즐기고 싶다면 샌드위치로 응용해 볼 수 있다. "샌드위치는 빵이니까 살찌지 않을까?" 하는 걱정이 앞설 수 있지만, 통밀빵을 활용하면 열량과 혈당 스파이크를 상대적으로 줄일 수 있다. 빵을 평생 완전히 끊을 수는 없으니, 이럴 때 통밀빵으로 균형을 잡아보는 것도 한 방법이다.

　준비물은 통밀 식빵, 속재료로 들어갈 달걀 지단, 상추 두 장 안팎이다. 양상추를 사용해도 되지만, 두께가 두껍고 결이 큼직해 샌드위치를 감싸기에는 다소 불편할 수 있다.

　먼저 종이 랩 위에 통밀 식빵 한 장을 올리고, 그 위에 상추를 한두 장 깐다. 그다음 달걀

지단을 두 장 올리고, 납작하게 썬 토마토 한 조각을 올린다. 그 위에 양배추 당근라페를 수북하게 얹어 주는데, 라페는 어느 정도 두툼하게 올리는 편이 맛과 포만감을 위해 좋다. 일반적으로는 케첩 등으로 간을 더하기도 하지만, 이 레시피에서는 열량을 더 줄이기 위해 소금만 아주 살짝 뿌리는 정도로 마무리한다.

　마지막으로 나머지 통밀 식빵 한 장을 덮고, 손바닥으로 지그시 눌러 속재료를 고정한 뒤 랩으로 단단히 감싼다. 이때 한쪽을 먼저 덮고 반대쪽을 덮을 때 살짝 당기면서 감싸야 샌드위치가 흐트러지지 않고 모양이 단단하게 잡힌다. 랩이 너무 얇으면 한 겹을 더 씌워 주어도 좋다. 이렇게 랩을 씌운 샌드위치를 반으로 잘라 보면, 단면에 통밀빵, 상추, 계란 지단, 토마토, 라페가 층층이 쌓인 보기 좋은 모양이 드러난다. 한 입 베어 물면 입안 가득 건강한 맛이 퍼지는 것을 느낄 수 있을 것이다.

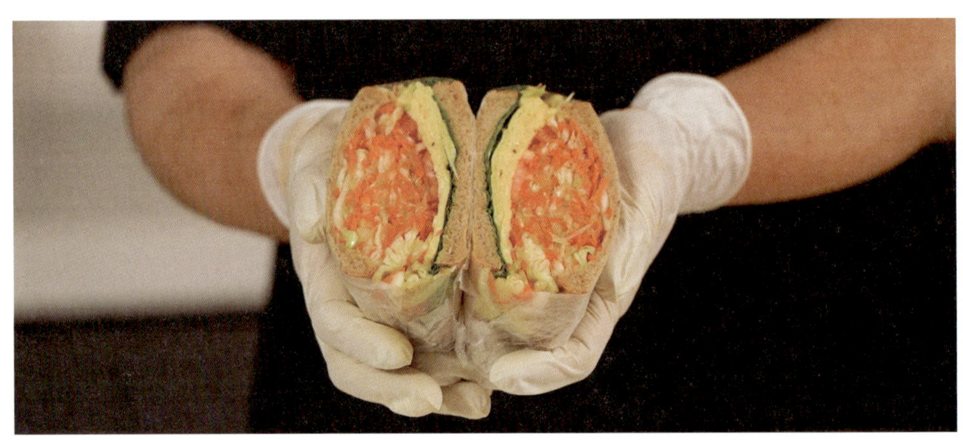

양배추 당근라페 닭가슴살 샐러드

　양배추 당근라페를 활용할 수 있는 또 다른 방법은 닭가슴살 샐러드로 만드는 것이다.

샐러드는 그릇 위에서 바로 데코레이션하듯 만들어 내는 과정도 즐거운데, 이 레시피에 필요한 재료는 양상추, 닭가슴살, 쪽파 송송 썬 것 정도면 충분하다.

먼저 샐러드를 담을 접시에 양상추를 넓게 깔아 바닥을 만든다. 그 위에 양배추 당근라페를 듬뿍 올리고, 한 입 크기로 썬 닭가슴살을 골고루 흩뿌리듯 올려 준다. 마지막으로 쪽파를 살짝 뿌려 색감과 향을 더한다.

샐러드에는 라페에서 나온 국물을 그대로 사용해도 좋지만, 샐러드다운 느낌을 살리기 위해 별도의 드레싱을 만들어 뿌려도 좋다. 들기름 2큰술, 간장 1/2큰술, 알룰로스 1/2큰술, 후춧가루를 넣고 잘 저어 간단한 드레싱을 만든 뒤, 완성된 샐러드 위에 고루 뿌려 준다. 이렇게 하면 양배추 당근라페 닭가슴살 샐러드가 완성된다. 열량은 매우 낮지만, 채소와 단백질, 좋은 지방이 한 그릇에 담긴 알찬 한 끼가 된다.

한 번 먹어 보면 "이 정도면 밥 대신 먹어도 되겠다"는 생각이 들 만큼 든든하면서도 가볍다. 내가 다이어트와 당뇨를 관리하면서 사용해 온 방법 중 하나도 이렇게 탄수화물 대신 채소와 단백질로 배를 채우는 방식이었다. 밥 대신 양배추 당근라페와 닭가슴살 샐러드를 한 끼 충분히 먹어 보면, 다음 날 아침 몸이 한결 가벼워진 것을 느낄 수 있을 것이다.

건강 다이어트를 할 때는 먹고 싶은 것을 무조건 참기만 하기보다, 마음껏 먹어도 되는 메뉴를 식단에 넉넉하게 준비해 두는 것이 중요하다. 양배추 당근라페와 그 응용 요리들은 그런 의미에서 "마음 편히 많이 먹어도 괜찮은" 든든한 동반자가 되어 줄 것이다.

영상 보러가기

항암 당근사과 주스

당근은 눈 건강에 좋기로 유명하지만, 항암 효과가 있는 채소로도 잘 알려져 있다. 이런 당근을 가장 부담 없이, 그리고 꾸준히 먹을 수 있는 방법이 바로 당근사과 주스다. 사과는 당근의 풋풋한 맛을 부드럽게 감싸 주고, 자연스러운 단맛을 더해 주어 맛과 영양을 동시에 책임지는 조연 역할을 한다.

재료

당근 작은 것 6개
사과 1개
생수 800mL
소금 3꼬집
올리브유 3큰술

조리법

1. 당근은 필러로 껍질을 두껍게 벗기지 말고, 솔로 겉면만 문질러 깨끗이 씻는다.
2. 당근을 6~10mm 두께로 썰어 찜기에 올리고, 물이 끓기 시작하면 3분간 찐다.
3. 찐 당근은 넓은 그릇에 펼쳐 식힌다.
4. 사과는 껍질은 남기고, 꼭지와 씨·심만 제거한 뒤 한 입 크기로 썬다.
5. 믹서기에 식힌 당근과 사과, 생수 800mL, 소금 3꼬집을 넣고 1분 이상 곱게 간다.
6. 완성된 주스를 살균한 유리병 3개에 나누어 담는다.
7. 마시기 직전에 병당 올리브유 1큰술을 넣고 잘 흔들어 마신다.

당근사과 주스 건강정보 & 건강 조리법

당근은 대표적인 주황색 채소로, 베타카로틴이 풍부해 눈 건강에 도움이 된다. 베타카로틴은 체내에서 비타민 A로 전환되는데, 비타민 A는 시각 기능 유지뿐 아니라 면역력 향상과 감염 예방에도 중요한 역할을 한다. 당근에는 루테인, 지아잔틴 같은 성분도 함께 들어 있어 황반을 포함한 망막 건강과 노화 지연에 도움을 줄 수 있다.

이들 성분은 강력한 항산화제로 작용해 활성산소로부터 세포를 보호하고, 피부를 촉촉하게 유지하며 자외선으로 인한 피부 손상을 줄이는 데도 기여한다. 그래서 당근은 눈뿐 아니라 전신의 노화 관리, 면역력 관리에도 유익한 채소다.

한편 "당근과 사과를 같이 먹으면 안 좋다"는 이야기가 있는데, 여기에는 나름의 과학적 배경이 있다. 당근에는 아스코르비나제ascorbinase라는 효소가 들어 있어 생으로 함께 섭취할 경우 사과에 들어 있는 비타민 C를 일부 분해할 수 있다. 하지만 당근을 익히면 이 효소의 활성이 크게 떨어져 비타민 C를 파괴하거나 흡수를 방해하는 영향이 훨씬 줄어든다. 그래서 이 레시피에서는 당근을 생으로 쓰지 않고, 살짝 쪄서 사용하는 방식을 택했다.

당근을 익히면 장점이 더 있다. 열을 가해 주면 베타카로틴과 같은 지용성 성분의 이용 가능성이 올라가, 체내에서 더 잘 활용될 수 있다는 보고들이 있다. 또한 익힌 당근은 조직이 부드러워져 소화가 한결 수월해지고, 자연스러운 단맛이 살아나 주스로 마실 때 거부감이 줄어든다. 이런 이유로 당근은 "가능하면 익혀 먹는 것이 좋다"고 기억해 두면 도움이 된다.

조리 과정에서 하나 더 주의할 점은 사과 씨이다. 사과는 껍질째 사용하는 것이 식이섬유와 항산화 성분 측면에서 유리하지만, 씨와 심 부분은 반드시 제거해야 한다. 사과 씨에는 아미그달린amygdalin이라는 물질이 들어 있어, 다량 섭취 시 바람직하지 않을 수 있으므로 되도록 씨는 제거하고 과육과 껍질만 사용하는 것이 안전하다.

눈이 맑아지고 독소를 싹 빼주는
항암 당근사과 주스

당근 주스는 항산화와 항암 성분이 풍부하다고 알려져, 매일 아침 한 잔씩 챙겨 마시는 사람들이 적지 않은 대표적인 건강 음료다. 여기에 착안해, 당근의 장점을 유지하면서 맛과 흡수율을 한층 더 끌어올린 버전이 바로 당근사과 주스다.

사용하는 재료는 단출하다. 당근 작은 것 6개와 사과 1개, 그리고 소량의 소금과 올리브유, 생수만 있으면 된다. 당근 양이 많아 보일 수 있지만, 완성 후에는 대략 2인 기준 3일 정도 마실 수 있는 양이 나온다.

당근을 손질할 때 가장 먼저 기억해야 할 점은 껍질을 두껍게 깎아내지 않는 것이다. 당근 껍질에는 베타카로틴을 비롯한 유익한 성분이 더 높은 농도로 포함되어 있기 때문에, 필러로 도톰하게 벗겨내면 영양 손실이 커질 수 있다. 대신 솔이나 수세미를 이용해 주름진 부분의 흙과 이물질만 깨끗이 닦아내고, 물이 담긴 볼이나 흐르는 물에서 여러 번 헹궈 주면 충분하다.

손질이 끝난 당근은 6~7mm에서 1cm 사이 두께로 썰어 찜기에 올릴 준비를 한다. 이때 시간을 아끼기 위해 당근을 자르기 전에 미리 찜기 물을 끓여 두면 효율적이다. 당근 6개를 모두 써는 동안 물이 끓기 때문에, 썰어 둔 당근을 곧바로 찜기에 올려 약 3분 정도만 쪄 준다.

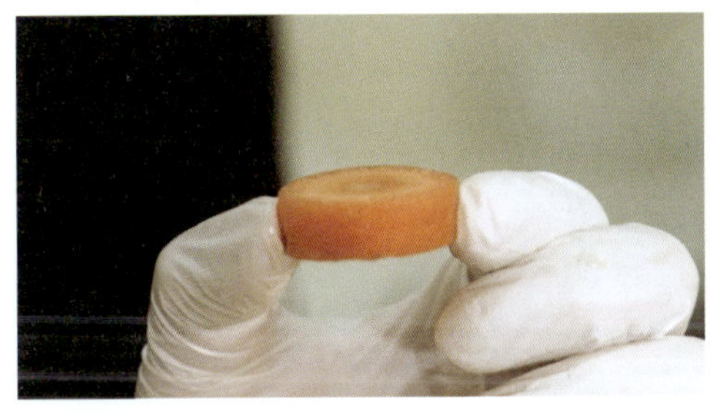

쪄낸 당근은 곧바로 사용하지 말고 잠시 식혀 준다. 너무 뜨거운 상태에서 바로 갈면 믹서기에도 무리가 갈 수 있고, 주스 맛도 떨어질 수 있기 때문이다. 당근이 식는 동안 사과를 준비한다. 사과는 껍질은 그대로 두고, 씨와 심 부분만 과감히 제거한다. 씨까지 함께 갈면 쓴맛이 돌고, 자잘한 씨 껍질이 식감을 해칠 수 있다.

이제 식힌 당근과 손질한 사과를 믹서기에 넣고, 생수 800mL와 소금 3꼬집을 함께 넣어 곱게 갈아 준다. 믹서기의 성능에 따라 다르지만, 최소 1분 이상은 돌려 주어야 건더기 없이 부드러운 상태가 된다. 이렇게 갈아진 주스를 500mL 유리병에 나누어 담으면 대략 3병 정도가 나온다. 하루에 1병씩 마신다고 생각하면 3일치 분량이다.

여기서 끝이 아니라, 마지막으로 꼭 거쳐야 할 과정이 하나 더 있다. 바로 올리브유를 넣는 것이다. 각 병마다 올리브유를 밥숟가락으로 1큰술씩 넣고 잘 흔들어 섞어 준다. 당근에 풍부한 베타카로틴은 지용성 성분이기 때문에, 일정량의 지방과 함께 섭취해야 체내 흡수율이 높아진다. 올리브유는 비교적 건강한 지방 공급원 역할을 하면서, 베타카로틴의 흡수를 돕는 역할을 겸한다.

이렇게 해서 항산화와 눈 건강, 면역 관리에 도움을 줄 수 있는 항암 당근사과 주스가 완성된다.

가장 중요한 것은 역시 맛이다. 아무리 몸에 좋다고 해도 맛이 없으면 매일 꾸준히 마시기 어렵다. 당근만 넣어 만든 주스는 특유의 흙냄새와 단맛의 한계 때문에 금방 질릴 수 있는데, 여기에 사과를 더하면 향과 단맛이 자연스럽게 보완된다. 완성된 당근사과 주스를 한 모금 마셔 보면 은은한 단맛과 부드러운 향이 입안을 감싸고, 사과와 당근의 미세한 건더기가 씹히는 느낌도 거슬리지 않는다. 오히려 "이게 건강한 음식이구나"라는 감각을 몸으로 느끼게 해 준다.

아침에 당근사과 주스 한 잔을 천천히 마시고 나면 속이 깔끔해지는 느낌과 함께, 몸이 가벼워지는 기분이 든다. 하루 식사를 모두 대체할 필요는 없지만, 바쁜 날 아침이나 가볍게 시작하고 싶은 날에는 이 주스 한 잔으로 아침을 대신해 보는 것도 한 방법이다.

눈 건강과 항산화, 그리고 전반적인 컨디션 관리에 관심이 있다면, 당근사과 주스를 매일 아침 한 잔씩 꾸준히 실천해 보길 권한다. 작은 습관이지만, 시간이 지날수록 몸이 먼저 달라졌다는 신호를 보내줄 것이다.

영상 보러가기

토마토 퓨레

토마토 퓨레는 토마토에 들어 있는 유익한 성분을 최대한 끌어올려 더 건강하게 먹을 수 있도록 고안한 레시피다. 그대로 먹어도 좋고, 여러 요리의 기본 소스로 활용해도 훌륭하다.

재료

완숙 토마토 8개
마늘 7알
소금 3꼬집
올리브유 2큰술
유리병 2~4개

조리법

1. 완숙 토마토 8개를 깨끗이 씻어 준비한다.
2. 토마토의 꼭지를 떼고 4등분한 뒤 믹서기에 넣어 곱게 간다.
3. 여기에 마늘 7알, 소금 3꼬집, 올리브유 2큰술을 넣고 한 번 더 곱게 간다.
4. 잘 갈린 토마토 퓨레를 냄비에 붓고 센 불에서 끓인다.
5. 끓기 시작하면 불을 중불로 줄이고, 바닥이 눌어붙지 않도록 저어 가며 15분간 더 끓인다.
6. 15분이 지나면 불을 끄고 식힌 뒤, 소독한 유리병에 옮겨 담는다.

토마토 퓨레 건강정보 & 건강 조리법

웰빙 시대를 맞아 토마토가 몸에 좋다는 사실은 널리 알려져 있다. 토마토가 특히 주목받는 이유는 강력한 항산화 작용을 하는 '라이코펜' 덕분이다.

라이코펜은 심장질환 예방, 혈압 강하, 노화 방지에 도움을 줄 뿐 아니라 눈 건강과 전립선 건강에도 유익한 것으로 잘 알려져 있다. 활성산소는 우리 몸 안에서 염증 물질·발암 물질로 작용해 다양한 질병과 노화를 촉진시키는데, 라이코펜은 이러한 활성산소를 제거해 주는 대표적인 항산화 물질이다. 라이코펜의 항산화 능력은 비타민 E보다 훨씬 강력한 것으로 보고되기도 한다.

미국 터프츠 대학 연구에 따르면 라이코펜 섭취는 전체 사망률을 낮추고, 암으로 인한 사망률도 유의하게 줄이는 데 기여한다고 알려져 있다. 그만큼 라이코펜이 풍부한 토마토를 꾸준히 섭취하는 것은 질병 예방과 건강 관리에 큰 도움이 될 수 있다.

다만 토마토에는 칼륨도 상당량 들어 있어, 특정 심장질환이 있는 경우에는 장기간 대량 섭취 전에 반드시 담당 내과 전문의와 상의하는 것이 안전하다.

토마토 퓨레의 건강 조리법 포인트

토마토 껍질에는 플라보노이드와 라이코펜이 과육보다 3~5배 더 많이 들어 있는 것으로 알려져 있다. 따라서 토마토는 껍질째 먹을 수 있도록 조리하는 것이 중요하다. 그만큼 토마토를 씻을 때는 농약과 이물질 제거에 신경을 써야 한다.

토마토를 씻을 때에는 베이킹소다를 물에 개어 토마토 표면을 문질러 닦은 뒤, 흐르는 물에 네댓 번 정도 꼼꼼히 헹궈 주면 껍질의 잔여물을 비교적 안전하게 제거할 수 있다.

깨끗이 씻은 뒤에는 꼭지를 반드시 제거한다. 꼭지는 질감도 좋지 않지만, 토마토가 상하기 시작하는 지점이기도 하다. 실제로 토마토는 꼭지 부분에서 곰팡이가 슬고 변질되는 경우가 많기 때문에, 보관 시에도 꼭지를 미리 따두면 보다 오래 보관하는 데 도움이 된다.

토마토 퓨레를 만드는 과정에서 '퓨레로 갈고, 끓이고, 졸이는' 과정을 거치는 데는 분명한 이유가 있다. 토마토는 열을 가하면 비타민 A·C뿐 아니라 여러 영양소의 이용 가능성이 높아지는 것으로 보고된다. 페이스트나 퓨레로 조리했을 때 칼륨, 칼슘, 눈에 좋은 비타민 성분들이 더 농축되는 효과가 있다는 연구도 있다.

특히 라이코펜이 중요하다. 한 연구에 따르면 토마토를 2분간 가열했을 때 라이코펜 함량이 약 50% 이상 증가하고, 15분 정도 끓였을 때는 170% 이상까지 늘어날 수 있다고 보고하기도 한다. 이 때문에 토마토를 그냥 생으로만 먹는 것보다, 퓨레처럼 열을 가해 조리해 먹는 방식이 항산화·항암 관점에서는 더 유리할 수 있다.

완성된 토마토 퓨레를 담을 유리병은 끓는 물에 미리 소독한 뒤 사용한다. 이때 뚜껑도 가능하면 금속 재질을 사용하는 것이 좋다. 플라스틱 뚜껑은 고온에서 환경호르몬이 나올 수 있는 가능성을 고려해야 하기 때문이다.

항암·항산화 효능을 200% 끌어올리는
토마토 퓨레 레시피

토마토 퓨레는 건강과 다이어트를 함께 고민하는 사람들을 위해, 토마토의 장점을 극대화하면서도 맛있고 간편하게 먹을 수 있도록 고안된 레시피다. '퓨레'란 과일·채소·콩류 등을 곱게 갈아 걸쭉한 상태로 만든 것을 말하는데, 부드럽고 활용도가 높아 바로 먹어도 좋고 각종 요리의 소스로 쓰기에도 알맞다.

준비해야 할 재료는 단순하다. 잘 익은 토마토와 마늘, 올리브유, 소금이면 충분하다.

먼저 꼭지를 제거하고 깨끗이 손질한 완숙 토마토를 4등분해 믹서에 넣는다. 이때 심 부분이 너무 단단하거나 식감이 거슬릴 것 같으면 일부 잘라내고 넣어도 좋다. 토마토는 충분히 붉게 익은 완숙 토마토를 사용하는 것이 좋다. 껍질에 초록빛이 남아 있는 토마토는 덜 익은 상태이므로 실온에 두어 충분히 빨갛게 익

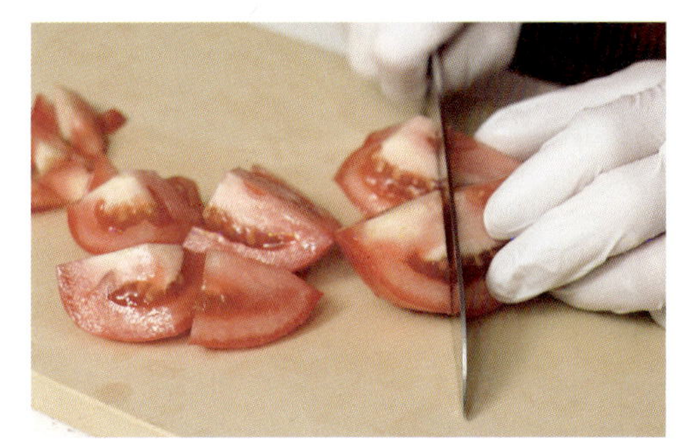

힌 뒤 사용하는 편이 좋다. 완숙 토마토는 구입 후 48시간 안에 사용하는 것이 가장 신선한 상태라고 볼 수 있다.

토마토 여덟 개를 믹서에 모두 갈아 준 뒤, 여기에 마늘 7알, 소금 3꼬집, 올리브유 2큰술을 넣어 한 번 더 곱게 간다. 이렇게 완성된 토마토 퓨레를 냄비에 모두 붓고 센 불에서 끓이기 시작한다. 끓어오르기 시작하면 불을 중불로 줄이고, 약 15분 동안 바닥이 눌어붙지 않도록 주걱으로 저어 가며 끓인다.

15분이 지나면 불을 끄고 식힌다. 이때 주방에는 토마토와 올리브유, 마늘이 어우러진 향이 가득 퍼지고, 색도 진한 붉은색으로 변해 보기에도 식욕을 자극한다.

충분히 식은 퓨레는 소독해 둔 유리병에 조심스럽게 나누어 담는다. 뚜껑을 단단히 닫아 냉장고에 보관하면 2~3주 정도는 별다른 변질 걱정 없이 두고 먹을 수 있다.

완성된 토마토 퓨레는 활용 범위가 넓다. 이탈리아 요리에서는 파스타 소스나 피자 소스의 베이스로 활용할 수 있고, 샐러드 드레싱이나 카레, 토마토 스프, 살사 소스에도 응용 가능하다. 우리 식탁에서는 감자국, 닭도리탕, 볶음밥, 멸치조림, 순두부찌개, 김치찌개, 떡볶이 등에도 한두 숟가락씩 넣어주면 감칠맛과 깊은 색을 더할 수 있다. 계란 스크램블에 살짝 더해 주어도 색과 풍미가 살아난다.

　조미료나 설탕을 따로 넣지 않았는데도 완성된 토마토 퓨레는 새콤달콤하면서 깊은 맛이 난다. 각종 요리에 이 퓨레만 살짝 더해도 풍미가 한층 살아나는 것을 느낄 수 있다. 무엇보다 항산화·항암에 좋은 라이코펜을 듬뿍 먹는다는 생각을 하면, 그 자체로 기분 좋은 건강 레시피가 될 것이다.

영상 보러가기

기적의 브로콜리당근 샐러드

브로콜리당근 샐러드는 대표적인 항암 식품인 브로콜리를, 순두부 마요네즈 드레싱과 함께 건강하고 맛있게 즐길 수 있도록 설계한 요리다. 특히 마요네즈를 대신해 사용하는 '순두부 마요네즈'의 고소하고 부드러운 맛이 압권이다.

재료

브로콜리 1송이

당근 1개

밀가루 2큰술

순두부 반 팩

들기름 5/2큰술(두 큰술 반)

레몬즙 1큰술

알룰로스 1큰술

소금 1/2작은술

다진 마늘 1작은술

연겨자 1/2작은술

조리법

1. 브로콜리는 한 송이씩 잘라낸 뒤, 흐르는 물에 헹궈 깨끗하게 세척한다.
2. 당근은 껍질의 흙과 먼지만 가볍게 손질한 뒤, 먹기 좋은 크기로 썰어 준비한다.
3. 찜기가 끓기 시작하면 당근은 먼저 넣고 약 2분간 찐다.
4. 브로콜리를 넣고 당근과 함께 총 3분 정도 더 쪄준다. 이때 당근은 총 5분, 브로콜리는 3분 정도 찌는 셈이다.
5. 믹서기에 순두부 반 팩과 들기름 5/2큰술, 레몬즙 1큰술, 알룰로스 1큰술, 소금 1/2작은술, 다진 마늘 1작은술, 연겨자 1/2작은술을 넣고 곱게 간다.
6. 찐 브로콜리와 당근을 접시에 담고, 순두부 마요네즈는 따로 그릇에 담아 곁들인다.
7. 먹을 때는 브로콜리와 당근을 순두부 마요네즈에 찍어 먹거나, 샐러드처럼 가볍게 버무려 먹으면 정통 브로콜리 샐러드가 완성된다. 삶은 달걀이나 견과류를 곁들이면 한층 더 풍부한 샐러드가 된다.

브로콜리당근 샐러드의 다이어트 & 건강 효과

브로콜리는 미국 암 연구소에서 선정한 대표적인 항암 식품이다. 그중에서도 주목해야 할 성분이 바로 '설포라판'이다. 설포라판은 뇌 건강을 지키고 뇌질환 발생 위험을 낮추는 데 도움을 준다고 알려져 있다. 실제로 브로콜리 섭취량이 많은 그룹에서 그렇지 않은 그룹보다 뇌질환이 유의하게 적었다는 연구 결과도 보고되어 있다.

이 외에도 브로콜리에는 비타민 A, B, C, E, K를 비롯해 칼륨, 철분, 망간, 아연, 마그네슘 등 다양한 비타민과 미네랄이 풍부하게 들어 있어 전반적인 건강 관리에 유리하다.

여기에 함께 사용하는 당근은 비타민 A의 전구체인 베타카로틴이 풍부하다. 비타민 A는 어두운 곳에서 사물을 인식하게 하는 로돕신 생성에 꼭 필요한 영양소이며, 안구 표면의 눈물 지방층 형성에도 관여해 안구 건조증 예방에도 도움을 준다.

따라서 브로콜리와 당근이 함께 들어간 이 샐러드는 항암, 눈 건강, 전신 건강을 동시에 고려한 이상적인 조합이라고 할 수 있다.

브로콜리 샐러드의 건강 조리법 포인트

브로콜리를 요리할 때, 간단하다는 이유로 전자레인지에 데워 먹는 경우가 많지만 브로콜리는 '찌는 조리법'을 택하는 것이 좋다. 브로콜리를 1~3분 정도 쪄서 조리했을 때 설포라판과 유익한 성분들이 상대적으로 잘 유지되지만, 삶거나 전자레인지에 돌렸을 때는 짧은 시간에도 설포라판이 크게 감소한다는 연구 결과가 있다.

따라서 브로콜리는 다소 번거롭더라도 찜기를 이용해 살짝만 쪄서 먹는 것이 건강 면에서 더 유리하다.

또 브로콜리를 고를 때는 꽃봉오리 부분이 촘촘하고 단단하게 모여 있으며, 색깔이 선명한 진녹색을 띠는 것이 좋다. 연두색이나 노르스름하게 변한 것은 상했다기보다는 꽃이 피기 시작한 상태이므로, 가능하면 색이 또렷하고 짙은 것을 고른다.

브로콜리를 깨끗이 씻는 법

브로콜리는 구조가 복잡해 겉만 대충 씻어서는 속에 낀 이물질을 제거하기 어렵다. 물에 그냥 담가 두면 물방울이 안쪽으로 잘 스며들지 않고 겉에서 그대로 흘러내리는 모습을 볼 수 있는데, 이렇게만 씻으면 흙이나 유충, 농약 등을 충분히 제거하기 어렵다는 뜻이다.

이때 유용한 것이 바로 밀가루다. 넉넉한 물에 밀가루를 풀어 브로콜리를 담가 두면, 밀가루의 흡착력이 브로콜리 표면의 유분층을 분해하면서 속에 있던 이물질을 끌어내는 역할을 한다. 브로콜리를 통째로 담그는 것보다, 꽃부분을 잘라 한 입 크기로 나눈 뒤 밀가루 푼 물에 10~15분 정도 담가 두면 더 깨끗하게 세척할 수 있다. 그다음 흐르는 물에 여러 번 헹궈 밀가루와 이물을 마저 씻어낸다.

최고의 항암 식품
브로콜리당근 샐러드 레시피

브로콜리당근 샐러드는 항암 효과와 혈당 조절에 도움을 주면서, 체중 관리에도 유리한 초간단 '보약' 같은 샐러드다. 기본 재료는 브로콜리와 당근, 세척용 밀가루, 그리고 샐러드 위에 곁들일 순두부 마요네즈 소스를 만들기 위한 순두부, 들기름, 레몬즙, 알룰로스, 소금, 다진 마늘, 연겨자 등이다.

먼저 브로콜리는 앞서 설명한 대로 밀가루 푼 물에 담가 깨끗이 세척한다. 브로콜리는 큰 줄기에서 작은 줄기가 갈라지고 끝에 촘촘한 꽃망울이 붙어 있는 구조라, 줄기 끝부분을 잘라 하나씩 떼어 내면 한입 크기 조각으로 준비하기 좋다. 딱딱한 굵은 줄기 부분은 쓴맛이 강하니 겉껍질을 두껍게 벗겨내고, 속의 부드러운 부분만 잘라 사용한다.

손질한 브로콜리는 다시 한 번 밀가루 푼 물에 담가 두어 속까지 세척해 준 뒤, 건져서 물기를 살짝 뺀다. 이때 브로콜리가 물에 뜨기 쉬우므로 접시나 그릇으로 살짝 눌러 담가 두면 세척이 더 잘된다. 시간이 지나면 물 위로 이물질이 떠오르는 것을 볼 수 있다.

브로콜리를 담가 두는 동안 당근을 손질한다. 당근은 반으로 갈라 단단한 결을 따라 먹기 좋은 크기로 썰어 준다. 당근은 단단해 칼질할 때 미끄러지기 쉬우므로 손가락을 특히 조심해야 한다.

준비한 당근은 찜기에 먼저 올려 약 2분간 찐다. 그다음 세척해 둔 브로콜리를 올려 함께 3분 정도 더 쪄 주면, 당근은 총 5분, 브로콜리는 3분 정도 찐 상태가 된다. 브로콜리는 선명한 초록색을 유지하면서 살짝 투명한 느낌이 날 때가 가장 적당하다.

당근을 찌는 이유는 바로 베타카로틴 때문이다. 베타카로틴은 눈 건강에 중요한 비타민 A의 전구체인데, 익혔을 때 체내 이용률이 더 높아지는 것으로 알려져 있다. 또한 지용성 성분이기 때문에, 나중에 드레싱에 사용하는 기름과 함께 섭취하면 흡수율을 더 끌어올릴 수 있다.

브로콜리가 쪄지는 동안 특제 소스를 만든다. 이 샐러드의 핵심은 기름과 계란으로 만

든 일반 마요네즈 대신, 순두부를 활용한 '순두부 마요네즈'를 사용하는 점이다. 믹서기에 순두부 반 팩과 들기름 5/2큰술, 레몬즙 1큰술, 알룰로스 1큰술, 소금 1/2작은술, 다진 마늘 1작은술, 연겨자 1/2작은술을 넣고 곱게 갈면, 부드럽고 고소한 순두부 마요네즈가 완성된다. 질감은 마요네즈와 비슷하지만, 포화지방과 칼로리는 크게 줄이고 단백질과 건강한 지방 비율을 높인 드레싱이다.

브로콜리와 당근이 알맞게 쩌졌으면 접시에 보기 좋게 담고, 그 옆에 순두부 마요네즈를 곁들인다. 하나씩 찍어 먹어도 좋고, 넓은 볼에 브로콜리와 당근을 담아 순두부 마요네즈를 넣고 샐러드처럼 가볍게 버무려 먹어도 좋다. 삶은 달걀과 견과류를 추가하면 포만감과 영양은 더 올라가면서도 여전히 부담 없는 건강 샐러드가 된다.

이렇게 완성된 브로콜리 당근 순두부 마요네즈 샐러드는 짠맛에 의존하지 않으면서도 고소한 풍미가 입안에 부드럽게 퍼지는 것이 특징이다. 항암 효과가 기대되는 브로콜리와 눈 건강에 좋은 당근, 여기에 순두부 마요네즈까지 더해져, 건강과 맛을 동시에 챙길 수 있는 샐러드다. 한 번 만들어 보면, 반복해서 찾게 되는 '집밥 샐러드 레시피'가 될 것이다.

영상 보러가기

양배추 야채롤

양배추 야채롤은 "오늘은 제대로 한 끼 챙겨 먹고 싶다"는 마음이 들 때 부담 없이 선택할 수 있도록 만든 요리다. 여러 가지 채소에 닭가슴살까지 더해져, 가볍지만 영양은 든든한 한 끼 식사로 손색이 없다.

재료

라이스 페이퍼

양배추 1/4통

당근 1개

자색 양파 1개

사과 1/2개

상추

닭가슴살

조리법

1. 양배추, 당근, 자색 양파, 사과를 깨끗이 씻어 길게 채 썬다.
2. 상추는 통잎 그대로 준비하고, 삶은 닭가슴살은 길게 한 입 크기로 썬다.
3. 상온의 물을 준비하고, 라이스 페이퍼를 앞뒤로 적신 뒤 물을 묻힌 도마 위에 올린다.
4. 라이스 페이퍼 위에 상추를 먼저 깔고, 그 위에 채 썬 양배추·당근·자색 양파·사과와 닭가슴살을 조금씩 올린다.
5. 김밥 말듯이 속 재료를 안쪽으로 살짝 당기며 단단하게 말고, 양옆을 접어 마무리한다.
6. 완성된 롤은 날에 물을 살짝 묻힌 칼로 비스듬하게 잘라 접시에 담는다.

양배추 야채롤의 다이어트 & 건강 조리법

양배추는 위 점막을 보호하는 데 도움을 주는 성분이 풍부하고, 혈액순환과 피부 건강, 항암 효과에도 긍정적으로 작용한다고 알려져 있다. 식이섬유가 많아 포만감을 오래 유지해 주기 때문에 다이어트와 당 조절에도 유리하다. "이걸로 저녁을 먹으면 밥 생각이 줄고, 다음 날 체중이 빠져 있는 걸 보게 된다"는 표현이 과장이 아닐 정도다.

자색 양파에는 보통 일반 양파보다 더 많은 안토시아닌이 들어 있다. 여기에 양파 속 쿼르세틴은 혈액을 맑게 해 주는 대표적인 플라보노이드 성분으로, 심혈관 건강에 도움을 줄 수 있다.

사과 껍질에는 과육보다 3~5배 많은 플라보노이드가 들어 있어 껍질째 먹는 편이 좋다. 사과는 비타민 C도 풍부해 항산화 작용, 항염·항암 효과에도 기여한다.

상추를 비롯한 녹황색 채소에는 눈 건강에 좋은 루테인이 풍부하다. 양배추 야채롤 하나로 위 건강, 항산화, 혈관 건강, 눈 건강까지 여러 가지 효능을 동시에 기대할 수 있는 이유다.

양배추는 속까지 박박 씻을 필요는 없고, 겉잎을 한두 장 떼어낸 뒤 식초나 베이킹소다를 푼 물에 잠시 담가 두었다가 흐르는 물에 헹궈 사용하면 충분하다.

건강하게 한 끼 때우기 딱 좋은
양배추 야채롤 레시피

양배추 야채롤은 이름 그대로 "한 끼를 대체하는 요리"를 목표로 한다. 식사 대신 먹는 요리는 맛이 좋아야 꾸준히 실천할 수 있다. 맛없는 다이어트 식단은 며칠도 못 가 무너지기 마련이다. 그런 의미에서 양배추 야채롤은 맛과 건강, 포만감을 모두 잡기 위해 설계한 레시피다.

필요한 재료는 양배추, 당근, 자색 양파, 사과, 상추, 닭가슴살, 그리고 땅콩 소스용 레몬·알룰로스·땅콩버터·간장, 여기에 모든 재료를 감쌀 라이스 페이퍼다.

상추를 제외한 네 가지 채소는 모두 길게 채를 썬다.

* 양배추 1/4통은 가늘게 채 썰고,

* 자색 양파는 반을 자른 뒤 결을 따라 채 썬다.

* 사과는 꼭지와 씨를 제거한 뒤 납작하게 썰어 채를 만든다.

* 당근은 껍질을 두껍게 벗기지 말고 솔로 흙과 먼지만 제거한 뒤, 채칼을 이용해 채를 썬다. 당근은 단단해 칼로 채 썰다 보면 손을 다치기 쉬우므로 채칼을 이용하는 편이 안전하다.

여기에 삶은 닭가슴살을 길게 썰어 더해 준다. 닭가슴살은 고단백·저지방·무탄수화물 식품으로, 야채 위주의 식단에서 부족하기 쉬운 포만감과 단백질을 채워 준다. "채소만 먹어서 허전하다"는 느낌을 잡아 주는 역할을 한다.

재료는 모두 준비됐지만, 집에 사과나 자색 양파가 없다고 해서 포기할 필요는 없다. 그럴 때는 팽이버섯, 파프리카 등 다른 채소로 일부를 대체해도 좋다. 상추 대신 깻잎을 사용하면 또 다른 향을 즐길 수 있다.

이제 라이스 페이퍼로 월남쌈처럼 싸는 과정이다. 일반적으로 월남쌈을 만들 때는 뜨거운 물에 라이스 페이퍼를 담그지만, 이 레시피에서는 상온의 물을 사용한다. 뜨거운 물을 쓰면 라이스 페이퍼가 금방 흐물흐물해져 찢어지기 쉽고, 작업 중 금세 들러붙어 실패할 확률이 높다. 상온의 물에 적시면 천천히 부드러워지기 때문에 말기 훨씬 수월하다.

라이스 페이퍼를 상온의 물에 충분히 적신 뒤, 물을 뿌려 둔 도마 위에 올린다. 도마가 너무 건조하면 나중에 라이스 페이퍼가 들러붙어 떼어 내기 힘들다. 이런 사소한 불편이 쌓이면 요리 자체가 스트레스로 느껴지고, 스트레스는 결국 폭식과 체중 증가로 이어질 수 있다. 작은 팁이지만 건강 다이어트에서는 이런 디테일도 중요하다.

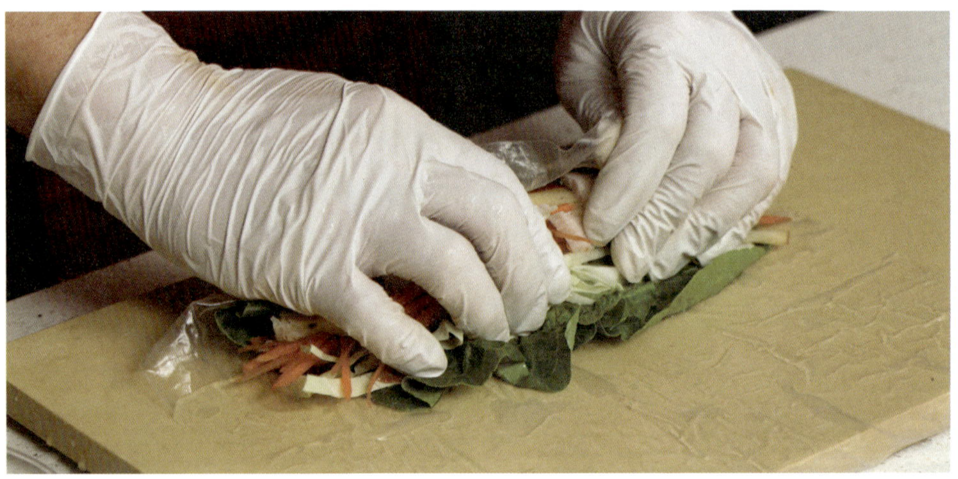

라이스 페이퍼 위에는 상추를 먼저 깔고, 그 위에 채 썬 양배추·당근·자색 양파·사과, 그리고 닭가슴살을 조금씩 올린다. 재료 종류가 많다 보니, 처음부터 욕심을 내 많이 넣기보다는 한두 번 싸면서 양을 조절해 가는 편이 좋다.

말 때는 김밥 말듯이 속 재료를 안쪽으로 살짝 당겨가며 단단하게 말아 준 뒤, 양쪽 옆을 접어 마무리한다. 라이스 페이퍼는 물에 담가 둔 시간이 너무 짧으면 딱딱하고, 너무 길면 지나치게 늘어져 다루기 힘들다. 몇 개 말아보면 자신만의 "골든 타임"이 금방 생긴다.

완성된 롤은 비스듬하게 썰어 접시에 담으면 보기에도 훨씬 예쁘다. 이때 칼날에도 물을 살짝 묻혀 잘라야 깔끔하게 잘린다.

땅콩 소스 & 스리라차 소스

양배추 야채롤은 그대로 먹어도 상큼하고 담백하지만, 소스를 곁들이면 한층 더 풍부한 맛을 즐길 수 있다. 취향에 따라 고소한 땅콩 소스와 매콤한 스리라차 소스 두 가지를 준비해 보자.

땅콩 소스는 100% 땅콩으로 만든 무가당 땅콩버터 3큰술에 알룰로스 1큰술, 간장 1/2 큰술, 레몬즙을 약간 넣어 만든다. 볼에 땅콩버터와 알룰로스를 먼저 섞은 뒤, 간장과 레몬즙을 넣어 농도를 맞춰주면 된다. 무가당 땅콩버터는 설탕이 들어 있지 않아 일반 땅콩버터보다 훨씬 부담이 덜하고, 인터넷에서도 쉽게 구할 수 있다.

스리라차 소스는 스리라차 소스 3큰술에 알룰로스 1큰술, 피시 소스 2큰술, 다진 마늘 1/2큰술, 레몬즙 1큰술을 넣어 고루 섞어 만들면 된다. 이렇게 준비한 소스에 완성된 양배추 야채롤을 찍어 먹으면, 땅콩 소스는 고소하고 진한 풍미가 살아나고 스리라차 소스는 상큼하면서도 매콤한 맛이 입맛을 깨워준다. 영양가도 높고 맛도 좋아 한 끼 식사로도 손색이 없는 메뉴다.

QnA

PART 3

건강&요리에 대한 궁금증, 닥터셰프가 답합니다!

<h1 style="text-align:center">① 눈에 좋은 루테인,
영양제로 꼭 먹어야 할까?</h1>

루테인은 눈 건강을 지키는 대표적인 영양소로, 식물에 들어 있는 천연 색소 성분이다. 우리 눈의 중심부인 '황반'에 많이 분포하는데, 황반은 글자를 읽거나 얼굴을 인식하는 등 정밀한 시각을 담당한다. 나이가 들면 황반 기능이 약해지면서 노안이나 황반변성 같은 질환이 생기기 쉬운데, 루테인은 이 황반을 보호해 주는 역할을 한다. 자외선이나 스마트폰·컴퓨터에서 나오는 블루라이트로부터 세포를 지켜주고, 활성산소로 인한 손상을 줄여 주는 항산화 작용을 한다.

문제는 이 중요한 성분이 몸에서 합성되지 않아 반드시 외부에서 섭취해야 하며, 나이가 들수록 체내 루테인 농도도 감소한다는 점이다. 시금치, 케일, 브로콜리 같은 녹황색 채소에 루테인이 풍부하지만, 매일 충분한 양을 꾸준히 먹기 어렵고, 조리 방식에 따라 흡수율도 달라진다. 루테인은 지방과 함께 섭취해야 흡수가 잘되는데, 실제 식단에서는 이런 조건을 맞추기가 쉽지 않다. 그래서 식품만으로 보충이 어렵거나 눈의 피로를 자주 느끼는 사람에게는 영양제가 하나의 대안이 될 수 있다.

그렇다고 해서 모든 사람이 반드시 루테인 영양제를 먹을 필요는 없다. 눈이 건강하고 채소·과일을 고르게 섭취하는 젊은 층이라면 굳이 추가로 보충하지 않아도 된다. 반대로 50세 이상이거나 황반변성 가족력이 있는 사람, 흡연자, 고혈압·당뇨 같은 혈관질환이 있는 경우에는 도움이 될 가능성이 크다. 미국의 'AREDS2 연구'에서는 루테인·지아잔틴·아연·비타민 C와 E가 포함된 복합 영양제가 중등도 이상의 황반변성 환자에서 질환 진행을 늦추는 효과가 있다고 보고했다. 이는 루테인이 노인성 눈 질환에 도움을 줄 뿐만 아니라 눈 노화를 늦추는 보조적 역할을 한다는 의미다.

물론 주의할 점도 분명하다. 영양제는 어디까지나 '보조 수단'이지 치료제가 아니다. 이미 진행된 황반변성을 되돌릴 수 없고, 과량 복용 시 위장 장애 등 부작용이 생길 수 있다. 또 흡연자가 베타카로틴을 과다 섭취하면 오히려 해로울 수 있다는 연구도 있다. 따라서 자신의 눈 상태, 가족력, 식습관을 고려해 전문가와 상의한 뒤 복용 여부를 결정하는 것이 가장 안전하다.

정리하면, 루테인 영양제는 "모든 사람에게 필수는 아니지만, 필요한 사람에게는 중요한 선택지"다. 눈 건강을 지키려면 영양제에만 의존하기보다 채소와 과일을 꾸준히 섭취하고, 자외선 차단을 위해 선글라스를 착용하며, 정기적인 안과 검진을 받는 것이 우선이다. 루테인은 이러한 기본 생활 관리 위에 보조적으로 더하는 것이 가장 안전하고 현명한 방법이다.

2

계란이 눈에 좋은 이유?
핵심은 '루테인과 지아잔틴'!

계란은 단백질 공급원으로만 알려져 있지만, 눈 건강을 위해서도 매우 중요한 식품이다. 핵심은 계란 노른자에 들어 있는 루테인과 지아잔틴이다. 두 성분은 카로티노이드 계열의 천연 색소로, 눈의 중심 시야를 담당하는 황반 부위에 고농도로 존재한다. 황반은 시력의 90%를 담당하는 '눈 속의 눈'이라 불릴 정도로 중요한 조직인데, 나이가 들수록 기능이 떨어지기 쉽다. 특히 황반변성은 시야 중심이 흐려지거나 실명으로 이어질 수 있는 대표적인 성인 실명 질환이다. 루테인과 지아잔틴은 빛 자극과 활성산소로부터 황반 세포를 보호하고 노화를 늦추는 항산화 작용을 한다.

그렇다면 왜 하필 계란일까? 시금치나 케일 같은 녹황색 채소에도 루테인과 지아잔틴이 들어 있지만, 섬유질과 함께 있어 흡수율이 낮다. 반면 계란 노른자 속 루테인과 지아잔틴은 지용성 형태로 존재해 체내 흡수가 훨씬 잘된다. 연구 결과에 따르면 같은 양의 루테인을 섭취했을 때 계란을 통해 섭취한 사람의 혈중 루테인 농도는 채소만 먹은 사람보다 두세 배 높았다. 즉 계란은 효율적인 루테인 공급원이 될 수 있다.

또한 계란에는 비타민 A, 아연, 오메가3 지방산, 단백질 등 눈에 유익한 영양소가 함께 들어 있다. 비타민 A는 야맹증을 예방하고 각막을 보호하며, 아연은 망막에서 비타민 A가 제 역할을 하도록 돕는다. 오메가3 지방산은 눈의 건조함을 완화하고 망막 세포막을 안정시키는 데 기여한다. 계란 1개로 여러 눈 건강 영양소를 동시에 섭취할 수 있는 셈이다.

물론 과유불급이다. 계란에는 콜레스테롤이 많아 한때 "하루 1개 이상은 위험하다"는 인식이 있었지만, 최근 대규모 연구에서는 건강한 성인의 경우 계란 섭취가 심혈관질환 위험을 높이지 않는다고 보고하고 있다. 오히려 단백질과 필수 아미노산, 항산화 영양소를 함께 제공하는 완전식품으로 평가된다. 다만 고지혈증이나 심장질환이 있는 사람은 담당 의사와 상의해 섭취량을 조절하는 것이 좋다.

결론적으로 계란은 단순한 식재료가 아니라 눈 건강을 위한 강력한 조력자다. 중년 이후 황반 기능이 떨어지고 노안이 진행되는 시기에는 꾸준한 계란 섭취가 도움이 된다. 특히 채소를 통한 루테인 섭취가 어렵거나 흡수율이 낮은 사람에게 계란은 가장 현실적이고 효과적인 선택이다. 균형 잡힌 식단 속에 하루 1~2개의 계란을 포함시키는 것이 눈 건강을 지키는 가장 간단하고 과학적인 방법이다.

3

눈 건강에 좋은 레시피, 진짜 효과 있는 조합은?

눈 건강을 지키려면 한 가지 식품보다는 여러 영양소가 조화를 이루는 '조합'이 중요하다. 우리의 눈은 빛 자극, 산화 스트레스, 혈류 상태 등 다양한 요인의 영향을 받기 때문에 복합적인 영양 공급이 필요하다. 결국 눈에 좋은 레시피의 핵심은 각 영양소의 상호작용이다.

첫 번째는 녹황색 채소와 기름의 조합이다.

시금치, 케일, 브로콜리, 옥수수에는 루테인과 지아잔틴이 풍부하다. 두 성분은 지용성이기 때문에 기름과 함께 섭취해야 흡수가 잘된다. 단순히 생으로 먹기보다 올리브오일에 살짝 볶거나, 샐러드에 아보카도·견과류를 곁들이면 흡수율이 두 배 이상 높아진다. 이렇게 하면 황반을 보호하는 효과를 극대화할 수 있다.

두 번째는 등푸른 생선과 채소다.

연어, 고등어, 정어리에는 오메가3 지방산이 풍부해 망막 세포막을 튼튼하게 하고 안구 건조증을 완화한다. 여기에 루테인 채소를 곁들이면 황반과 망막을 동시에 보호할 수 있다. 예를 들어 연어구이에 브로콜리나 아스파라거스를 곁들이는 식단은 매우 이상적이다.

세 번째는 계란과 녹황색 채소의 조합이다.

계란 노른자는 흡수율이 높은 루테인과 지아잔틴을 제공한다. 여기에 시금치나 케일을 넣어 오믈렛, 스크램블 에그, 계란찜을 만들면 효과가 배가된다. 아침 식사로 계란·채소 오믈렛은 간단하면서도 눈 건강에 매우 좋은 선택이다.

네 번째는 견과류와 과일이다.

아몬드, 호두, 해바라기씨에는 비타민 E가 풍부해 산화 스트레스를 줄이고 세포 손상을 막는다. 오렌지, 블루베리, 키위 같은 과일에는 비타민 C와 안토시아닌이 많아 혈관 건강을 돕고 망막의 미세혈류를 유지한다. 하루 한 줌의 견과류와 신선한 과일은 눈뿐 아니라 전신 건강에도 유익하다.

마지막으로 곡물과 콩류도 빼놓을 수 없다.

현미, 귀리, 검은콩에는 아연과 셀레늄이 풍부해 항산화 효율을 높이고 비타민 작용을 돕는다. 이들 미량 원소는 망막 세포의 노화를 늦추는 데 관여한다.

결국 눈 건강 레시피의 본질은 '영양소의 상호 보완'이다. 루테인, 오메가3, 비타민 A·C·E, 아연이 함께 작용할 때 시력 보호 효과가 커진다. 따라서 단일 영양제에 의존하기보다는 다양한 식품 조합을 일상 식단에서 섭취하는 편이 훨씬 효율적이다.

진짜 효과 있는 눈 건강 레시피는 특별한 한 가지 음식이 아니라 루테인과 지용성 식품, 오메가3와 채소, 계란과 녹황색 채소, 견과류와 과일이 균형을 이루는 식단이다. 이런 식습관을 꾸준히 유지하면 노안과 황반변성을 늦추고, 중년 이후에도 선명한 시력을 지키는 데 도움이 된다.

4

내 눈 나이, 측정할 수 있다고요?

눈도 나이를 먹는다. 여기서 말하는 '눈 나이'는 단순한 만 나이가 아니라 눈의 구조적·기능적 변화를 바탕으로 한 생리적 나이를 의미한다. 실제 나이가 50세라도 눈 건강이 40대 수준일 수 있고, 반대로 40대인데 기능이 60대처럼 떨어져 있을 수도 있다. 그렇다면 눈 나이는 어떻게 측정할까?

가장 기본이 되는 것은 시력 검사다. 단순히 "잘 보이느냐"를 보는 것이 아니라, 교정시력이 같은 연령대 평균과 비교했을 때 어느 수준인지 평가한다. 그러나 시력만으로는 충분하지 않다. 더 중요한 것은 망막, 황반, 수정체, 각막, 시신경의 상태다. 이를 확인하기 위해 안과에서는 여러 정밀 검사를 시행한다. 망막 상태와 황반의 두께·구조를 보는 OCT(광간섭단층촬영), 시신경 손상 여부를 확인하는 시야검사, 수정체의 투명도를 평가하는 백내장 진행도 검사 등이 대표적이다.

이러한 결과를 종합하면 눈의 노화 정도, 즉 눈 나이를 추정할 수 있다.

예를 들어 50세인데 황반 두께와 시신경 상태가 또래보다 건강하다면 눈 나이가 40대에 가깝다고 볼 수 있다. 반대로 백내장이 빠르게 진행되거나 황반변성 소견이 있다면 실제 나이보다 10년 이상 더 늙은 눈을 가지고 있을 수 있다. 여기에 안구건조증의 정도, 노안 진행 속도, 망막 혈관의 탄력도도 눈 나이를 판단하는 데 중요한 지표가 된다.

최근에는 일부 안과나 건강검진센터에서 '눈 나이 측정 프로그램'을 제공하기도 한다. 시각 기능 검사와 생활습관 설문을 결합해 눈 나이를 계산하는 방식이다. 흡연 여부, 자외선 노출, 식습관, 수면 패턴, 당뇨·고혈압 같은 만성질환의 존재 여부 등이 함께 반영된다. 이런 생활 요인들은 눈 노화를 앞당기는 주요 원인으로 작용한다.

눈 나이를 아는 일은 단순한 호기심을 넘어서 예방적 의미가 크다. 자신의 눈이 실제 나이보다 더 늙었다는 사실을 알게 되면 식습관을 개선하고, 자외선 차단이나 영양 보충 등 조기 관리에 나설 수 있다. 반대로 '생각보다 젊다'는 결과는 올바른 습관을 꾸준히 유지할 동기가 된다.

결국 눈 나이는 실제로 측정이 가능하며, 단순히 나이를 세는 지표가 아니라 눈 건강을 객관적으로 평가하는 도구다. 정기적인 안과 검진을 통해 자신의 눈 나이를 파악하고, 필요하다면 생활 관리와 치료를 병행하는 것이 현명하다. 눈은 한 번 손상되면 회복이 쉽지 않기 때문에, 숫자를 확인하는 것보다 노화를 늦추려는 노력이 더 중요하다.

눈을 20년 젊게 만든다?
과장 같지만, 과학적 근거는 있다

'눈을 20년 젊게 만든다'는 표현은 다소 과장되어 들리지만, 실제로 눈의 피로를 줄이고 기능 저하를 늦추는 습관과 훈련법은 존재한다. 핵심은 초점 조절 근육과 눈물 분비 기능을 지켜 주고, 망막과 시신경을 가능한 한 오래 건강하게 유지하는 데 있다.

가장 기본적이고 효과적인 방법은 근거리·원거리 교대 운동이다. 스마트폰이나 책을 오래 보면 수정체를 조절하는 모양체 근육이 긴장한 상태로 굳어 눈이 쉽게 피로해진다. 이때 일정 시간마다 먼 곳을 바라보며 초점을 풀어 주는 것이 좋다. 이런 단순한 습관만으로도 눈의 긴장을 완화하고 노안 진행을 늦추는 데 도움이 된다.

두 번째는 눈 깜빡임 훈련이다. 디지털 기기를 사용할 때는 집중력이 높아져 눈 깜빡임 횟수가 평소의 절반 이하로 줄어든다. 그 결과 눈물이 빨리 증발해 안구건조증이 생기고, 시야가 흐려지거나 눈이 충혈되고 따갑게 느껴질 수 있다. 의식적으로 자주 눈을 감았다 뜨는 연습은 눈물막을 안정시키고 눈 표면을 보호한다. 10초에 한 번 정도 깜빡이는 습관만으로도 큰 차이가 난다.

세 번째는 혈류 개선 운동이다. 가볍게 눈 주위를 마사지하거나 온찜질을 해주면 눈꺼풀의 기름샘이 열리면서 눈물이 잘 분비된다. 특히 중년 이후에는 마이봄샘 기능이 저하되어 안구건조증이 흔하기 때문에, 하루 한두 번 따뜻한 찜질만으로도 눈이 한결 편안해질 수 있다.

네 번째는 전신 건강 관리다. 눈은 미세한 혈관이 밀집된 기관이어서, 당뇨·고혈압·고지혈증 같은 질환이 있으면 망막 손상이 빠르게 진행된다. 결국 눈을 젊게 만드는 가장 기본적인 트레이닝은 규칙적인 운동, 균형 잡힌 식사, 금연·절주다. 몸 전체의 혈관이 건강해야 눈의 미세혈관도 젊게 유지된다.

　마지막으로 루테인·지아잔틴·오메가3 같은 영양소를 꾸준히 섭취하면 망막과 황반 보호에 도움이 된다. 시금치·케일·연어·계란 등 식품으로 보충하거나, 필요 시 영양제를 활용할 수 있다. 다만 어디까지나 생활습관을 돕는 보조 수단일 뿐, 나쁜 습관을 대신해 줄 수는 없다.

　결국 눈을 20년 젊게 만드는 마법 같은 비결은 없다. 그러나 위의 습관과 운동을 꾸준히 실천하면 실제 나이보다 훨씬 젊은 눈 상태를 유지할 가능성은 충분하다. 눈의 노화는 피할 수 없지만, 관리에 따라 속도를 늦출 수 있다는 점이 중요하다.

6

매일 밤 배고픔과의 전쟁!
야식, 정말 그렇게 나쁠까?

야식은 하루의 피로를 달래주는 작은 행복이지만, 동시에 건강을 위협하는 유혹이기도 하다. 특히 중년 이후에는 신진대사가 느려지고 위·간·췌장 같은 소화 기관의 회복력이 떨어지기 때문에 늦은 밤 음식은 더 큰 부담이 된다. 단순한 체중 증가 문제가 아니라 혈당·혈압·콜레스테롤, 나아가 눈 건강에도 영향을 미친다.

늦은 시간에 먹는 음식이 문제인 이유는 체중 증가와 대사 이상 때문이다. 밤에 섭취한 에너지는 활동으로 소모되지 못하고 지방으로 저장되기 쉽다. 이렇게 쌓인 체지방은 당뇨병과 고혈압으로 이어지고, 이 두 질환은 눈의 미세혈관을 손상시켜 망막병증과 황반변성 위험을 높인다. 즉, 습관적인 야식은 단순히 살찌는 문제를 넘어 눈 건강을 해치는 출발점이 될 수 있다.

또한 밤늦게 먹는 습관은 수면의 질을 떨어뜨린다. 위에 음식이 남아 있으면 깊은 잠을 자기 어렵고, 역류성 식도염이나 위산 과다 증상이 생기기 쉽다. 수면 부족은 눈의 피로 회복을 방해하고 안구건조증을 악화시킨다. 최근 연구에서는 수면장애와 시신경 손상의 연관성이 보고되기도 했다. 결국 충분한 숙면은 눈을 보호하는 가장 기본적인 조건이다.

그렇다고 배고픔을 무조건 참는 것이 능사는 아니다. 극심한 허기를 억누르면 스트레스가 커지고, 다음 날 폭식으로 이어질 수 있다. 핵심은 '아예 안 먹는 것'이 아니라 '무엇을, 어떻게, 얼마나 먹을 것인가'이다. 올바른 선택을 하면 늦은 시간의 간식도 큰 무리가 되지 않는다.

야식을 피할 수 없다면 기름지고 자극적인 음식은 꺼리는 편이 좋다. 라면, 치킨, 피자처럼 고칼로리 메뉴는 포만감을 주지만 체중과 혈관 건강에는 최악이다. 대신 따뜻한 저지방 우유, 삶은 달걀, 구운 고구마, 무가당 요거트처럼 가벼운 음식을 선택해 보자. 이런 식품들은 위에 부담을 덜 주고 혈당을 비교적 안정적으로 유지해, 눈의 미세혈류에도 비교적 부담이 적다. 채소 스틱에 저염 두부 딥을 곁들이거나 견과류 한 줌을 먹는 것도 괜찮은 대안이다. 중요한 것은 '양 조절'이다. 작은 접시에 덜어 간식 수준으로 마무리하면 죄책감과 건강 부담을 동시에 줄일 수 있다.

결론적으로 야식 자체가 절대 악이라기보다는 '잘못된 야식'이 문제다. 자극적이고 기름진 음식을 자주 먹으면 몸과 눈의 노화를 앞당기지만, 적당한 양의 균형 잡힌 간식은 큰 문제가 되지 않는다.

매일 밤 배고픔 앞에서 어떤 선택을 하느냐가 건강을 좌우한다. 자신에게 맞는 규칙과 기준을 세우고 지켜 나가는 것이 눈과 몸을 함께 지키는 지혜다.

7

채소 싫어하는 아이도 잘 먹는 '은근슬쩍' 레시피란?

아이들에게 채소를 먹이는 일은 부모의 끝없는 고민이다. 특히 시금치, 브로콜리, 당근처럼 눈 건강에 좋은 채소일수록 특유의 쓴맛과 향 때문에 거부 반응이 크다. 그러나 채소 속 루테인, 베타카로틴, 비타민 C 등은 성장기 눈 건강과 면역, 전신 발달에 꼭 필요한 영양소다. 그래서 아이가 알아차리지 못하게 채소를 자연스럽게 섭취하도록 돕는 '은근슬쩍 요리법'이 필요하다.

첫 번째 방법은 계란 요리에 채소를 넣는 것이다.

계란은 대부분의 아이가 좋아하는 식재료다. 여기에 잘게 다진 시금치, 당근, 브로콜리를 섞어 오믈렛이나 계란말이를 만들면 채소 맛이 거의 느껴지지 않는다. 계란 노른자에도 루테인과 지아잔틴이 들어 있어 채소와 함께 먹으면 눈 건강 효과가 더욱 커진다. 부드럽고 고소한 맛 덕분에 아이들이 부담 없이 먹을 수 있다.

두 번째는 스무디나 주스로 만드는 방법이다.

채소를 그대로 내면 거부하지만, 과일과 함께 갈아 주면 달콤한 맛 덕분에 거부감이 줄어든다. 바나나·사과·시금치를 함께 갈아 만든 '그린 스무디'는 영양과 맛을 동시에 잡을 수 있는 대표적인 예다. 여기에 우유나 요거트를 넣으면 단백질과 칼슘까지 더해져 성장기 영양 균형에도 좋다.

세 번째는 소스와 반죽을 활용하는 것이다.

곱게 간 채소를 파스타 소스, 카레, 토마토 소스에 섞으면 아이는 채소가 들어갔는지도 모른 채 잘 먹는다. 다진 채소를 섞은 미트볼이나 햄버거 패티도 좋은 방법이다. 아이가 좋아하는 고기 요리 속에 자연스럽게 채소를 숨길 수 있어 부모 입장에서도 만족도가 높다.

네 번째는 건강 간식으로 변신시키는 것이다.

얇게 썰어 오븐에 구운 당근·고구마 칩이나 케일 칩은 바삭한 식감 덕분에 과자처럼 즐길 수 있다. 기름에 튀기지 않고 에어프라이어나 오븐을 사용하면 기름기 걱정 없이 건강한 간식이 된다. 여기에 약간의 치즈 가루나 시나몬을 뿌리면 아이들의 입맛을 더욱 끌 수 있다.

이처럼 '은근슬쩍 레시피'의 핵심은 채소 특유의 향과 질감을 줄이고, 아이가 좋아하는 재료와 조합하는 것이다. 억지로 먹이려 하기보다 즐겁게 먹을 수 있는 환경을 만드는 편이 장기적으로 훨씬 효과적이다. 아이가 스스로 "맛있다"고 느끼는 경험이 쌓이면 자연스럽게 채소에 대한 거부감도 줄어든다.

결론적으로 채소를 싫어한다고 해서 포기할 필요는 없다. 계란, 과일, 고기, 간식 등 익숙한 재료에 채소를 적절히 섞어 주면 아이는 모르는 사이에 건강을 챙길 수 있다. 이러한 작은 시도들이 모여 아이의 눈 건강과 성장 발달, 올바른 식습관을 함께 키워 준다. 부모의 창의적인 조리법이 곧 아이의 평생 건강을 만드는 첫걸음이다.

8

아침 식사, 거르면 안 되나요? 간편하게 챙기는 건강식은?

아침 식사는 하루의 시작을 여는 가장 중요한 끼니다. 그럼에도 바쁜 생활 탓에 아예 건너뛰거나 커피 한 잔으로 대신하는 사람이 많다. 겉보기에는 큰 문제가 없어 보일 수 있지만, 실제로는 전신 건강과 눈 건강 모두에 좋지 않은 영향을 준다.

밤새 공복 상태가 유지된 뒤 첫 끼를 건너뛰면 혈당 조절이 불안정해진다. 뇌와 눈은 포도당을 주요 연료로 사용하는 기관이기 때문에 에너지원이 부족하면 집중력이 떨어지고 눈의 피로가 쉽게 쌓인다. 특히 중년 이후에는 혈당 변동에 더 민감해, 규칙적인 식사 리듬을 유지하는 습관이 건강 관리의 기본이 된다.

그리고 공복 시간이 길어지면 점심이나 저녁에 과식하기도 쉽다. 오랫동안 굶은 상태에서 한꺼번에 많은 양을 먹으면 혈당이 급격히 오르내리고, 체중 증가와 대사질환으로 이어질 수 있다. 이런 불규칙한 패턴은 당뇨병·고혈압을 악화시키고 눈의 미세혈관을 손상시켜 망막병증이나 녹내장 위험을 높인다. 결과적으로, 아침 식사를 자주 거르는 습관은 시력을 지키는 데에도 결코 도움이 되지 않는다.

그렇다면 바쁜 아침에는 어떤 구성이 좋을까? 핵심은 '간단하지만 균형 잡힌 한 끼'를 준비하는 것이다.

계란: 단백질과 루테인이 풍부해 눈과 근육에 좋다. 삶은 계란 1개면 조리 시간도 길지 않다.

통곡물 빵·오트밀: 복합 탄수화물로 혈당을 천천히 높여 포만감이 오래간다.

과일: 오렌지, 블루베리, 사과에는 비타민 C와 항산화 성분이 풍부해 눈의 노화를 늦춘다.

견과류·요거트: 아몬드, 호두, 무가당 요거트는 단백질과 좋은 지방, 비타민 E를 제공한다.

　예를 들어 삶은 계란 1개, 통곡물 빵 한 조각에 요거트와 블루베리를 곁들이면 5분이면 충분한 아침식사가 완성된다. 출근길에는 바나나 1개와 견과류 한 줌, 두유 한 잔만으로도 균형 잡힌 영양을 보충할 수 있다. 중요한 것은 메뉴의 화려함이 아니라 '매일 비슷한 시간에, 꾸준히 먹는다'는 점이다.

　정리하면, 아침 식사를 거르는 습관은 몸과 눈 모두에 부담을 준다. 거창한 식단이 아니어도 괜찮다. 준비가 간편하더라도 규칙적으로 챙기는 한 끼가 뇌와 눈에 필요한 연료를 공급해 하루의 집중력과 에너지를 높이고, 만성질환과 눈 노화를 늦추는 가장 손쉬운 건강 관리법이 된다.

9

식탐, 참기만 하면 폭발합니다. 이럴 때 다스리는 방법은?

많은 사람들이 다이어트나 건강을 위해 식탐을 억누르려 하지만, 무조건 참는 방식은 오히려 폭식으로 이어지기 쉽다. 식탐은 단순한 의지 부족이 아니라 뇌와 호르몬, 감정이 얽힌 복합적인 반응이기 때문이다. 따라서 억압이 아니라 '조절의 기술'을 익히는 것이 중요하다.

첫째, 규칙적인 식사가 기본이다. 끼니를 거르면 배고픔 호르몬인 그렐린이 급격히 분비되어 폭식 충동이 커진다. 이때는 기름지고 달콤한 음식을 더 찾게 된다. 아침·점심·저녁을 일정한 시간에 먹는 것만으로도 식탐이 크게 줄 수 있다. 특히 아침을 거르지 않는 것만으로도 하루 전체의 에너지 균형이 안정되어 불필요한 간식을 덜 찾게 된다.

둘째, 단백질과 식이섬유를 충분히 섭취해야 한다. 단백질은 포만감을 오래 유지시키고, 섬유질은 위에서 천천히 소화되어 혈당을 완만하게 변화시킨다. 닭가슴살, 생선, 두부, 콩류, 채소, 통곡물을 매 끼니에 포함하면 적은 양으로도 만족감을 얻을 수 있다. 단백질은 근육 유지뿐 아니라 렙틴 분비에도 관여해 식욕 조절에 긍정적인 역할을 한다.

셋째, 진짜 배고픔과 심리적 배고픔을 구별해야 한다. 스트레스, 외로움, 지루함 등 감정에서 비롯된 욕구는 실제 에너지 부족과 다르다. 이런 경우에는 산책이나 가벼운 스트레칭, 물 한 잔 마시기, 따뜻한 차 한 잔 등 다른 행동을 시도해 보자. 대부분의 '가짜 배고픔'은 10분만 지나도 자연스럽게 사라진다.

넷째, 소량으로 만족하는 습관을 들이자. 좋아하는 음식을 완전히 끊기보다 '조금만 먹기'가 더 지속 가능하다. 작은 접시에 담아 천천히 먹으면 포만감을 인식할 시간이 생겨 과식을 막을 수 있다. 실제 연구에서도 20분 이상 천천히 식사하는 것만으로 식탐과 섭취량이 줄어든다고 보고된다.

　다섯째, 충분한 수면과 스트레스 관리가 핵심이다. 잠이 부족하면 식욕 억제 호르몬인 렙틴이 줄고, 식욕 촉진 호르몬인 그렐린이 늘어난다. 또한 스트레스가 쌓이면 달고 짠 음식이 더 당기게 된다. 규칙적인 수면, 명상, 취미 활동은 식탐을 자연스럽게 줄이는 강력한 도구다.

　마지막으로, 음식 환경을 바꾸는 전략도 중요하다. 집에 과자, 빵·떡, 라면, 아이스크림 같은 고칼로리 간식을 쌓아두면 결국 손이 간다. 대신 과일, 견과류, 저지방 요거트를 준비해 두면 충동을 관리하기 훨씬 쉽다. 냉장고와 찬장의 구성을 바꾸는 것만으로도 식습관이 달라진다.

　결국 식탐은 참는 싸움이 아니라 조절하는 과정이다. 규칙적인 식사, 균형 잡힌 영양, 감정 관리, 환경 조절이 함께 이루어질 때 식욕은 자연스럽게 잦아든다. 이렇게 다듬어진 식습관은 체중 관리뿐 아니라 혈당·혈관·눈 건강까지 지켜주는 현명한 선택이 된다.

살은 뺐는데 유지가 힘들어요. 요요 없이 유지하는 법은?

체중을 줄이는 것만큼이나 어려운 것이 감량 후 '유지'다. 많은 사람들이 목표 체중에 도달한 뒤 곧 예전 습관으로 돌아가면서 체중이 다시 늘어나는 '요요 현상'을 경험한다. 이는 의지 문제라기보다 우리 몸의 생리적 방어 반응 때문이다.

체중이 줄면 몸은 이를 '에너지 위기'로 인식한다. 그 결과 기초대사량이 감소해 에너지 소비가 줄고, 배고픔을 유발하는 그렐린은 증가한다. 반대로 포만감을 주는 렙틴은 감소해 예전보다 많이 먹어도 쉽게 허기를 느낀다. 즉 몸 자체가 체중을 되돌리려는 방향으로 작동하기 때문에 유지가 어려운 것이다.

그렇다면 어떻게 해야 요요 없이 체중을 유지할 수 있을까?

첫째, 꾸준한 운동 습관이 핵심이다. 운동은 단순히 칼로리를 소모하는 수준을 넘어 기초대사량을 유지하는 데 결정적인 역할을 한다. 근육량이 줄면 에너지 소비가 떨어지므로 근력 운동과 유산소 운동을 함께 해야 한다. 주 3회 이상, 땀이 날 정도의 운동을 꾸준히 하면 근육 손실을 막고 지방 축적을 예방할 수 있다. 길게 하지 못하더라도 자주 몸을 움직이는 것이 중요하다.

둘째, 식단 관리는 '지속 가능성'이 기준이 되어야 한다. 감량기에는 어느 정도 제한적인 저칼로리 식단을 유지할 수 있지만, 유지기에는 현실적인 균형 식단으로 전환해야 한다. 채소·통곡물·단백질 중심의 식사를 기본으로 하고, 가공식품·단 음료·기름진 음식은 최소화한다. 특히 단백질은 포만감을 높여 폭식을 막고 근육 유지에도 기여한다. 체중 유지는 '덜 먹는 식단'이 아니라 '계속할 수 있는 식단'이 핵심이다.

셋째, 체중을 기록하는 습관을 들이자. 매일 아침 비슷한 시간에 체중을 재면 작은 변화도 바로 파악할 수 있다. 여러 연구에서 매일 체중을 체크하는 사람은 요요 가능성이 더 낮은 것으로 나타난다. 1~2kg 정도 변동이 생겼을 때 바로 식사와 활동량을 조절하는 것이 가장 효율적이다.

넷째, 심리적 관리도 중요하다. 스트레스가 쌓이면 폭식과 야식으로 이어지기 쉽다. 충분한 수면, 취미 활동, 명상이나 산책 같은 마음을 안정시키는 습관이 체중 유지에 큰 도움이 된다. 다이어트의 핵심은 단순한 의지가 아니라 심리적 균형에 있다.

마지막으로, 현실적인 목표를 세워야 한다. 너무 빠른 감량이나 완벽주의적인 목표는 실패 가능성을 높인다. 체중 숫자만 보지 말고 전반적인 컨디션, 혈압·혈당, 옷이 맞는 정도 등 몸 전체의 균형을 함께 살피는 것이 좋다.

결론적으로 살을 빼는 것만큼 중요한 것이 '유지 습관'을 만드는 일이다. 꾸준한 운동, 균형 잡힌 식단, 체중 기록, 스트레스 관리가 함께 이루어질 때 요요는 자연스럽게 줄어든다. 다이어트는 단기 전투가 아니라 평생 이어지는 생활 방식이다. 체중이 아니라 습관을 바꾸었을 때 비로소 진짜 성공에 가까워진다.

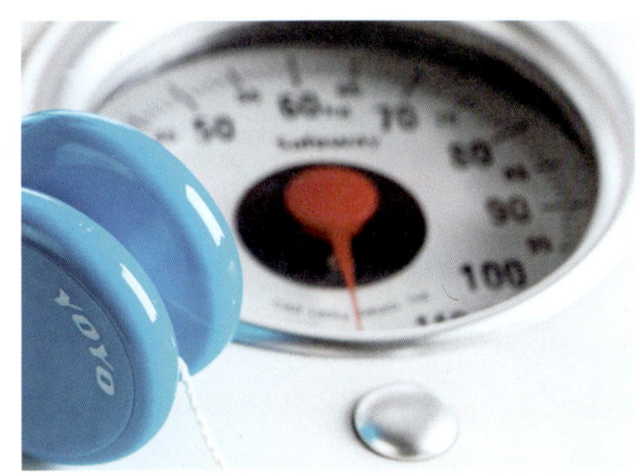

11

약 안 먹고 고혈압·당뇨 끊을 수 있나요?

고혈압과 당뇨병은 현대인의 대표적인 만성질환이다. "약을 평생 먹어야 한다"는 말을 듣고 부담을 느끼며, "약을 안 먹고도 조절할 수는 없을까?"라는 질문을 던지는 사람들이 많다. 결론부터 말하면, 일부 환자는 생활습관 개선으로 약을 줄이거나 잠시 중단할 수 있다. 그러나 모든 환자가 약을 완전히 끊을 수 있는 것은 아니다.

먼저 고혈압의 경우, 체중 감량과 생활습관 교정만으로 혈압이 정상 범위로 돌아오는 사례가 있다. 특히 비만이나 과체중이 주요 원인인 경우 체중을 5~10%만 줄여도 혈압이 크게 낮아질 수 있다. 저염식, 규칙적인 운동, 금연·절주는 기본이다. 염분 섭취를 줄이면 혈관 수축 자극이 완화되고, 유산소 운동은 혈관 탄력을 높여 혈압을 낮춘다. 그러나 유전적 요인이나 노화에 따른 혈관 경화가 주된 원인이라면 약을 끊기 어렵다. 이때 약을 임의로 중단하면 뇌졸중·심근경색 등 합병증 위험이 급격히 높아진다.

당뇨병도 비슷하다. 초기 제2형 당뇨병은 생활습관만으로 정상 혈당 회복이 가능한 경우가 있다. 규칙적인 식사, 체중 감량, 꾸준한 운동이 핵심이다. 식사 조절을 통해 당질 섭취를 줄이고, 근육 운동으로 인슐린 감수성을 높이면 약 없이도 관리되는 경우가 있다. 그러나 병이 오래되어 췌장의 인슐린 분비 능력이 떨어진 단계라면 약물이

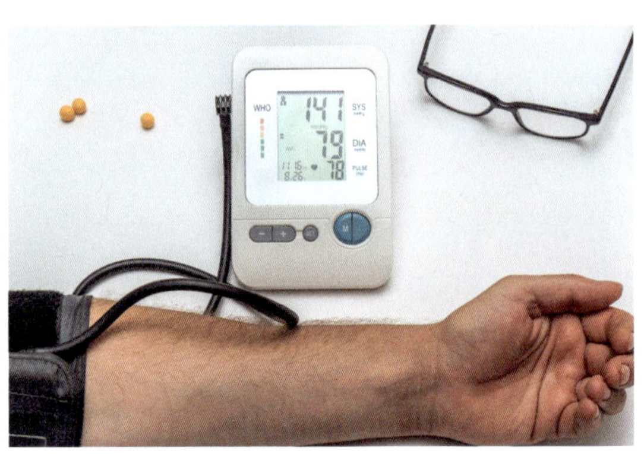

나 인슐린 치료가 필수다. 이 시기에 약을 임의로 끊으면 혈당이 급격히 상승하고, 망막병증·신장병 같은 합병증이 빠르게 진행될 수 있다.

여기서 가장 중요한 원칙은 "약을 끊는 것이 목표가 아니라 합병증을 예방하는 것이 목표"라는 점이다. 고혈압은 뇌졸중·심부전·신부전으로, 당뇨는 망막병증·신경병증·콩팥 손상으로 이어질 수 있다. 약을 줄이는 데만 집착하다가 수치가 다시 오르면 되돌리기 힘든 손상이 남을 수 있다.

따라서 약을 줄이거나 중단하고 싶다면 반드시 담당 의사의 판단 아래 단계적으로 진행해야 한다. 생활습관을 충분히 개선한 뒤 혈압과 혈당이 일정 기간 안정적으로 유지된다면, 그때 의사가 약을 줄이거나 중단할지를 검토한다. 반대로 환자가 스스로 판단해 약을 끊는 것은 매우 위험하다.

결국 고혈압과 당뇨 관리에서 중요한 것은 약을 먹느냐의 여부보다 "얼마나 꾸준히 관리하느냐"이다. 일부 환자는 약 없이 관리가 가능하지만, 대다수는 약과 생활습관을 함께 잡아야 한다. 중요한 것은 숫자를 잠깐 낮추는 것이 아니라 정상 범위를 오래 유지해 합병증을 막는 일이다. 약을 줄이는 것 자체보다 꾸준한 관리와 정기 검진이 더 현명한 목표가 될 수 있다.

12

고혈압과 당뇨, 살만 빼면 되는 게 아니라구요?

많은 사람들이 고혈압과 당뇨병을 "비만 때문에 생기는 병"으로 단순하게 생각한다. 그래서 체중만 줄이면 혈압과 혈당이 정상으로 돌아올 것이라고 기대한다. 실제로 체중 감량은 두 질환 관리에서 매우 중요한 요소다. 그러나 결론적으로 말하자면, 살만 빼서는 충분하지 않다. 고혈압과 당뇨는 체중뿐 아니라 유전, 식습관, 혈관 상태, 나이, 호르몬 등 여러 요인이 복합적으로 작용하는 만성질환이기 때문이다.

먼저 고혈압을 보자. 체중이 줄면 혈압이 낮아지는 것은 사실이다. 체중의 5~10%만 감량해도 혈압이 눈에 띄게 떨어진다는 연구도 있다. 하지만 원인이 비만에만 있는 것은 아니다. 나이가 들수록 혈관 탄력이 떨어지고, 짠 음식, 스트레스, 운동 부족, 유전적 요인이 함께 작용한다. 이 때문에 체중 감량은 분명 도움이 되지만, 저염식·꾸준한 운동·스트레스 관리가 뒤따르지 않으면 혈압이 다시 오르기 쉽다. 특히 유전적 영향이 큰 경우에는 체중을 줄여도 약이 계속 필요할 수 있다.

당뇨병도 마찬가지다. 제2형 당뇨는 대부분 비만과 연관이 있어 체중 감량 시 혈당이 개선되는 경우가 많다. 실제로 초기 환자 중 일부는 식사 조절과 운동만으로 약을 끊고 정상 혈당을 유지하기도 한다. 그러나 병이 오래 지속되면 췌장의 인슐린 분비 능력이 점차 감소한다. 이미 췌장이 상당 부분 손상된 경우에는 체중을 줄여도 혈당을 완전히 정상으로 유지하기 어렵다. 또한 스트레스, 수면 부족, 불규칙한 식사, 유전적 소인 역시 혈당 조절을 어렵게 만드는 요인들이다. 결국 단순히 살을 뺐다고 해서 당뇨에서 완전히 벗어날 수 있는 것은 아니다.

더 중요한 점은 두 질환 모두 합병증과 밀접하게 연결되어 있다는 사실이다. 고혈압은 뇌졸중·심부전·신부전을 유발하고, 당뇨는 망막병증·신경병증·콩팥병으로 이어질 수 있다. 체중만 줄였다고 해서 이미 진행된 혈관·장기 손상이 저절로 회복되는 것은 아니다. 정상 체중인 사람도 고혈압이나 당뇨 합병증을 겪는 사례는 적지 않다.

그렇다면 바람직한 관리법은 무엇일까?

첫째, 체중 감량은 기본이지만 전부가 아니다. 혈압·혈당 조절의 핵심은 식습관, 운동, 수면, 스트레스 관리가 함께 이루어지는 것이다.

둘째, 정기적 검진과 약물 치료를 병행해야 한다. 체중을 줄였더라도 수치가 안정되지 않으면 약은 여전히 필요하다. 여기서 목표는 약을 끊는 것이 아니라 합병증을 예방하는 것이다.

셋째, 개인 맞춤 관리가 중요하다. 같은 체중이라도 유전적 배경, 혈관 건강, 췌장 기능에 따라 치료 전략은 달라져야 한다. 전문의의 지속적인 평가와 지도가 필요하다.

결국 고혈압과 당뇨는 단순히 "살만 빼면 해결되는 병"이 아니다. 체중 감량은 중요한 출발점이지만, 꾸준한 생활습관 관리와 정기 검진, 필요 시 약물 치료가 함께 할 때 비로소 건강을 지킬 수 있다. 숫자만을 좇는 다이어트보다, 평생 이어갈 수 있는 습관을 만드는 것이 진짜 치료다.

⑬

혈관 나이는 되돌릴 수 있나요?

혈관은 우리 몸 구석구석에 산소와 영양을 전달하는 생명선이다. 하지만 나이가 들수록 점점 탄력을 잃고 좁아지며, 이른바 '혈관 나이'가 실제 나이보다 더 빨리 늙는 경우가 많다. 혈관이 노화하면 고혈압, 당뇨병, 뇌졸중, 심근경색 등 치명적인 질환이 생기기 쉽다. 그렇다면 한 번 늙은 혈관을 되돌릴 수 있을까?

완전히 되돌리는 것은 어렵지만, 생활습관 관리를 통해 혈관 노화를 늦추고 부분적으로 개선하는 것은 가능하다. 핵심은 혈관벽을 손상시키는 요인을 줄이고, 회복 능력을 높이는 데 있다.

가장 먼저 해야 할 일은 금연이다. 흡연은 혈관을 수축시키고 염증을 유발해 혈관 노화를 가속한다. 담배 연기 속 독성 물질은 혈관 내피세포를 손상시키고 혈전 형성을 촉진해 혈류를 막는다. 금연 후 몇 주 만에도 혈류 개선 효과가 나타나며, 1년 이상 유지하면 심혈관질환 위험이 절반 이하로 떨어진다. 담배를 끊는 순간부터 혈관은 '젊어지는 방향'으로 움직이기 시작한다.

두 번째는 규칙적인 유산소 운동이다. 걷기, 자전거 타기, 수영 등은 혈관 내피 기능을 회복시키고 혈류를 원활하게 한다. 꾸준히 운동하면 혈관벽이 부드러워지고 혈압이 안정된다. 주 5회 이상, 하루 30분 정도를 목표로 하되, 갑작스러운 무리한 운동보다 지속 가능한 습관을 만드는 것이 중요하다.

세 번째는 식습관 관리다. 포화지방과 트랜스지방이 많은 가공식품은 줄이고, 채소·과일·통곡물·생선을 자주 섭취해야 한다. 특히 오메가3 지방산은 혈관 염증을 줄이고, 비타민 C·E 같은 항산화 성분은 혈관벽 손상을 억제한다. 싱겁게 먹고, 튀김 대신 찜이나 구이로 조리법을 바꾸는 것만으로도 큰 도움이 된다. 카페인과 알코올을 과도하게 섭취하면 일시적인 혈관 수축을 유발할 수 있으므로, 적정량을 지키는 것이 좋다.

네 번째는 체중 관리와 스트레스 조절이다. 복부비만은 혈관 노화의 큰 위험 요인이다. 내장지방이 늘면 염증 물질이 증가하고, 혈압·혈당이 함께 상승한다. 스트레스가 지속되면 교감신경이 항진되어 혈압과 맥박이 높아지고 혈관이 긴장 상태를 유지하게 된다. 규칙적인 수면, 명상, 산책, 취미 생활은 스트레스를 줄여 혈관을 이완시키는 데 도움이 된다.

마지막으로, 정기적인 건강검진을 통해 혈압·혈당·콜레스테롤 수치를 점검해야 한다. 수치가 정상이라 하더라도 꾸준히 확인해야 조기 변화를 놓치지 않는다. 혈관은 한 번 크게 손상되면 회복이 더디기 때문에, 예방이 곧 치료다.

결론적으로 혈관 나이는 완전히 되돌리기 어렵지만, 생활습관을 바꾸면 실제 나이보다 젊은 상태를 유지할 수 있다. 금연, 운동, 올바른 식습관, 체중·스트레스 관리가 그 해답이다. 이는 단순히 수명을 연장하는 차원을 넘어, 매일의 컨디션과 삶의 질을 지키는 가장 확실한 방법이다. 혈관을 젊게 만드는 일은 결국 오늘의 선택에서 시작된다.

(14)

노안, 피할 수 없다면
늦출 수는 있나요?

노안은 누구나 겪는 자연스러운 생리적 변화다. 40대 이후부터 수정체가 점차 단단해지고, 초점을 맞추는 조절력이 떨어지면서 가까운 글씨가 흐릿하게 보이기 시작한다. 완전히 피할 수는 없지만, 생활습관을 통해 진행 속도를 늦추는 것은 가능하다.

첫째, 눈의 피로를 줄이는 것이 기본이다. 스마트폰, 컴퓨터, 책 등을 장시간 보면 모양체 근육이 과도하게 긴장한다. 이를 예방하기 위해 '6-6-6 법칙'을 실천해 보는 것도 좋다. 예를 들어, 6분에 한 번씩 6m 이상 떨어진 곳을 약 60초간 바라보는 식으로 눈을 쉬게 해 주는 것이다. 이런 단순한 습관만으로도 눈 근육의 피로를 완화하고 노안 진행을 늦추는 데 도움이 된다.

둘째, 충분한 조명 환경이 중요하다. 어두운 곳에서 작은 글씨를 오래 보면 수정체에 더 큰 부담이 간다. 특히 중년 이후에는 조도 변화에 민감하므로, 밝고 고른 빛 아래에서 작업하는 것이 좋다. 조명은 눈 바로 위가 아닌 앞쪽에 위치시켜 그림자가 생기지 않게 한다.

셋째, 자외선 차단이다. 자외선은 수정체 단백질을 변성시켜 노안뿐 아니라 백내장도 앞당긴다. 외출할 때는 자외선 차단 기능이 있는 선글라스나 챙이 넓은 모자를 착용하는 것이 좋다. 맑은 날뿐 아니라 흐린 날에도 자외선은 존재하므로, 일상적인 보호가 필요하다.

넷째, 영양 관리도 병행해야 한다. 루테인과 지아잔틴은 망막의 황반을 보호하고, 오메가3 지방산은 눈물막을 안정시켜 안구건조증을 줄이는 데 도움이 된다. 비타민 A·C·E와 아연은 수정체와 망막의 산화 손상을 늦춘다. 시금치·케일·연어·견과류·당근 등 천연 식품을 통해 섭취하는 것이 가장 이상적이며, 전체적으로 균형 잡힌 식습관이 눈 건강의 기본이다.

다섯째, 정기적인 안과 검진을 게을리하지 말아야 한다. 단순한 노안 증상으로 여기고 방치했다가, 실제로는 백내장·녹내장·황반변성 같은 질환이 동반되어 있는 경우도 적지 않다. 40대 이후에는 최소 1년에 한 번 시력, 안압, 망막 상태를 확인하는 검진을 받는 것이 좋다.

이외에도 충분한 수면, 금연, 규칙적인 운동은 혈류 개선을 통해 눈 전체 건강을 돕는다. 특히 흡연은 혈관을 수축시켜 망막과 수정체로 가는 산소 공급을 방해하므로 반드시 피해야 한다.

결론적으로 노안은 피할 수 없지만, 늦출 수는 있다. 눈의 피로를 줄이고, 조명·자외선·영양·검진 관리까지 함께 신경 쓰면 노안이 시작되는 시점과 진행 속도를 충분히 늦출 수 있다. 같은 40대라도 관리에 따라 불편함을 일찍 느낄 수도 있고, 60대가 되어서야 본격적인 증상이 나타날 수도 있다. 눈은 한 번 노화가 시작되면 되돌리기 어렵기에, 지금의 습관이 미래의 시력을 결정한다.

눈과 혈관, 같이 챙겨야 하는 이유가 있나요?

눈과 혈관은 떼려야 뗄 수 없는 관계다. 눈은 우리 몸에서 가장 미세한 혈관이 집중된 기관으로, 혈관의 건강 상태가 곧 눈의 건강을 좌우한다. 혈관이 늙거나 막히면 눈 세포도 제대로 기능하기 어렵다.

먼저 고혈압은 눈의 혈관에 직접적인 손상을 준다. 혈압이 높아지면 망막 혈관벽이 두꺼워지고 혈류가 불안정해지면서 출혈이나 부종이 생길 수 있다. 이를 '망막병증'이라 하는데, 이때 시야가 흐려지거나 시력이 급격히 떨어질 수 있고, 심하면 실명으로 이어지기도 한다.

당뇨병 역시 눈의 혈관을 약하게 만드는 대표적인 질환이다. 혈당이 높게 유지되면 망막의 미세혈관이 손상되어 '당뇨망막병증'이 생긴다. 초기에는 자각 증상이 거의 없지만, 진행되면 망막 출혈과 부종, 시야 결손이 나타나며 치료 시기를 놓치면 회복이 어렵다. 실제로 성인 실명의 주요 원인 중 하나가 당뇨병이다.

여기에 고지혈증이 더해지면 상황은 더 나빠진다. 혈중 지방이 많아지면 혈관 내벽에 기름 찌꺼기가 쌓여 혈류를 방해하고, 망막으로 가는 산소와 영양 공급이 줄어든다. 이런 변화가 반복되면 망막 세포가 손상되어 시력이 서서히 떨어진다. 결국 눈 질환의 상당수가 혈관 질환과 맞닿아 있다고 볼 수 있다.

반대로 눈 검진이 전신 혈관 건강에 대한 조기 경고 신호가 되기도 한다. 안과에서 관찰되는 미세혈관 출혈, 망막 혈관의 비정상적인 굴곡, 시신경 부종 등은 뇌졸중이나 심장질환 위험을 미리 알려주는 단서가 될 수 있다. 눈은 단순한 시각 기관을 넘어, 몸속 혈관 상태를 보여주는 '창문'과 같다.

이처럼 눈과 혈관은 서로 영향을 주고받는 거울 같은 관계에 있다. 따라서 눈을 지키려면 혈관 관리가 필수이고, 혈관을 건강하게 유지하려면 정기적인 눈 검진이 함께 이루어져야 한다.

관리의 핵심은 생활습관!

1. 혈압·혈당·콜레스테롤을 정기적으로 점검하고

2. 채소와 생선이 풍부한 식단을 유지하며

3. 꾸준한 유산소 운동을 하고

4. 금연과 절주를 실천하는 것이 기본이다.

또한 40세 이후에는 최소 1년에 한 번 안과 검진을 받아 망막과 시신경 상태를 확인해야 한다. 특히 당뇨병이나 고혈압 환자는 증상이 없더라도 정기 검진이 필수다.

결론적으로 눈과 혈관은 따로 관리할 수 있는 대상이 아니다. 같은 혈관을 공유하는 두 기관이기 때문이다. 눈 검진은 전신 건강을 비추는 창문이며, 혈관 관리는 곧 시력을 지키는 길이다. 오늘의 작은 선택들이 혈관과 눈, 두 생명선을 함께 젊게 만든다는 사실을 기억하자.

뱃살이 너무 빠져 고민!
닥터셰프 레시피

초판 1쇄 발행   2026년 2월 6일

지은이   임상진
펴낸이   정재훈, 김재석

편집   최창원, 이경윤
기획   정재훈, 모양태, 나수미, 손은빈, 최창원
디자인   윤강희

펴낸곳   책과삶
출판등록   제2025-000030호
주소   서울특별시 성동구 연무장5가길 25 SK V1 Tower 1006호
전화   02-6956-3181
팩스   070-5089-5992
인쇄   예인미술

✉ **이메일**   booksnlife25@gmail.com
◎ **인스타그램**   @booksnlife25
b| **블로그**   blog.naver.com/booksnlife_

ISBN   979-11-993278-4-9 (13590)

「책과삶」은 독자 여러분의 소중한 원고를 기다립니다. 삶을 깊이 있게 바라보는 당신의 이야기를 들려주세요.